아빠가
책을 읽어줄 때
생기는 일들

아빠가 책을 읽어줄 때 생기는 일들

퇴근 후 15분,
편집자 아빠의 10년 독서 육아기

옥명호 지음

옐로브릭

차례

3. 우리가 함께 읽은 책들

내가 남겨 주고 싶은 유산

"아빠, 오늘 밤 아빠의 로맨틱한 목소리를 들으며 잠들 수 있을까요?"

그날따라 일찍 침대에 누운 제 곁으로 아들이 해실해실 웃으며 다가와 능청스레 하는 말입니다.

"아들이 알긴 아네. 아빠 목소리가 심하게 로맨틱하지."

중3 아들의 살가운 요청에 지친 몸을 저절로 일으킵니다. 유난히 피곤한 날이라 거의 거를 뻔한 '잠자리 책읽기'를 변함없이 이어갑니다. 《트로이아 전쟁과 목마》를 펼쳐든 저는, 거지로 변장한 오디세우스가 트로이아의 신전 보물을 훔치러 성으로 숨어들어가는 대목을 읽어주기 시작했습니다.

아인슈타인은 "아이들을 똑똑하게 키우려면 동화책을 읽어주라"고 했다 합니다. 두 아이가 각각 일곱 살, 네 살 때부터 잠들기 전 날마다 머리맡에서 책을 읽어주기 시작한 지 어느덧 12년이 되어 가는군요. 대단한 계획을 갖고 시작한 일도 아니었고, 이렇게 오래 하리라고 생각지도 않았습니다. 아이들을 똑똑하게 키우려는 열정으로 읽어준 것도 아니었지요. 그저 조금이라도 육아를 분담할 수 있는 일이 뭘까 고민하다 보니, 손길 닿는 곳에 책이 있었습니다.

퇴근이 늦더라도 잠자리에서 책을 읽어줄 때면 아이들과 오롯이 함께할 수 있는 시간을 가질 수 있었습니다. 사실 그 시간은 아이들보다, 육아와 가사에서 '퇴근'하여 비로소 개인 시간을 갖는 아내보다, 책 낭독자인 제게 하루 중 가장 기다려지고 '힐링'이 되는 시간이었습니다.

기쁨과 두려움이 뒤섞인 마음으로 아버지가 된 이래, 평소 아이들에게 무엇을 남겨 줄 수 있을지 자주 생각해 왔습니다. 별로 없더군요. 빌딩을 소유한 할아버지가 있는 것도, 주가가 오를 때 활용할 스톡옵션을 가진 것도 아니어서, 알량한 서가의 책더미라도 남겨 주어야 하나 생각했더랬지요. 그러다 그깟 '유형 자산'이야 닳거나 잃어버리면 그만이라는 생각이 들더군요. 무형의 자산이 더 가치 있지 않겠냐는 궁색한 자기 변명 같은 생각을 한 거지요. 그러면서 마음을 채우기 시작한 건, '함께하는 시간'이었습니다. 세계적인 상담가 게리 채프먼 식으로 말하자면, 함께하는 시간이야말로 아버지로서 아이들을 향한 제 '사랑의 언어'였습니다.

함께 시간을 보내기 위해 가능한 한 자주 가족 여행을 다니려 했습니다. 저는 자라면서 아버지와 시간을 보낸 추억이 전무하다시피 하기에, 아이들에게는 그 추억을 남겨 주고 싶었습니다. 때로 빚을 내서라도 여행을 떠났습니다. 다만, 여행이 함께하는 시간으로서는 대단히 매력 있고 훌륭한 방법임에도 역시 일상적으로 할 수는 없다는 점이 아쉬웠습니다. 비용 부담도 무시할 수 없고요.

그런 점에서 책 읽어주기는, 요즘 식으로 말하면 가성비가 탁월한 사랑 표현이 아닐 수 없습니다. 그 시간을 통해 저는 아이들과 날마다 '연결'됨으로써 긴밀한 유대를 쌓아 올 수 있었습니다. 날마다 잠들기 전 아이들 곁에서 책을 읽어주는 '잠자리 책읽기'는, 아파서 드러눕지 않는 이상 별다른 준비나 비용 들이지 않고 일상적으로 아이들에게 고백할 수 있는 사랑의 언어였습니다. 그게 저만의 착각이라 해도 좋았습니다.

그런데 여덟 명의 자녀를 키운 자녀양육 상담가이자 비폭력 평화공동체 '브루더호프Bruderhof'의 리더 요한 크리스토프 아놀드는 그게 착각이 아님을 확인해 주었습니다.

> 자녀들을 사랑한다면 책을 읽어주라. 아이들과 함께 시간을 보내는 데 이보다 더 좋은 방법은 없다.*

따지고 보면 나 좋자고 한 일을 책으로까지 낼 게 있을까 회의할 때, "다른 아빠들한테 많은 도움이 될 것 같아요." "아빠가 날마다 책을 읽어준 덕분에 지금도 친구처럼 대화하며 지낼 수 있는 거죠"라고 응원해 준 두 아이의 격려에 힘입어 글을 쓰기로 결정할 수 있었습니다. 이 책에는 아이들과 함께하는 잠자리 낭독을 어떻

* 《부모가 학교다》(달팽이), p. 137

게 시작하게 되었는지, 왜 하필 책을 택했는지, 지난 세월 동안 아이들과 함께 읽어 온 책은 어떤 것들인지, 어떤 유익과 즐거움이 있었는지 등을 담았습니다. 그와 더불어 조금은 사적인 이야기지만 '아빠'로서 제 성장기도 풀어냈습니다. 또한 잠자리에서 책을 읽은 시간에 대해 아이들과 나눈 대화를 부록으로 실었습니다.

무엇보다 어린 자녀들과 함께하려는 마음은 있지만 정작 어떻게 해야 할지 막막한 아빠들이 이 책을 만나게 되면 좋겠습니다. 저 역시 그런 고민을 했기 때문입니다. 또한 아이들에게 책을 읽어주면 좋겠는데, 어디서부터 어떻게 시작해야 할지 모르는 아빠들에게도 작으나마 실제적인 도움이 되기를 바랍니다. 조금 앞서 10년 넘게 책을 읽어주고 있는 선배 아빠의 경험담이 길잡이가 되어 조금은 쉽게 시작할 수 있지 않을까 싶거든요.

이 책은 제가 썼지만, 이 이야기는 저희 가족 모두의 것입니다. 그들이 이 책의 공동 저자인 셈입니다. 그러므로 무엇보다 저희 가정의 '행복한 짐' 의진·유겸, 그 행복한 짐을 떠안은 동반자로 행복할 때나 힘겨울 때나 최선을 다해 온 아내 신혜진에게 가슴 깊은 감사와 사랑을 전합니다.

글을 쓰는 내내 지나간 그 시절이 되살아나 다시금 따스한 행복감이 차오르는 시간을 보냈습니다. 이 책을 읽는 모든 분과 그 따스한 행복감을 나누고 싶습니다.

나무늘보 아빠 옥명호

함께하는 시간을 희생하면 모두 가난해진다

타임푸어 대한민국

"아직 자녀는 없지만 환한 낮 시간을 나와 내 가족, 친구들을 위해 쓸 수 있다."

스웨덴의 6시간 노동제 도입 기업에서 일하는 30대 중반 여성의 말이다. 오후 3시 반에 퇴근한다는 이 여성의 직장 생활은 우리나라에선 꿈 같은 이야기다.*

오늘날 우리나라는 세계가 공인하는(?) 장시간 노동 사회다. OECD가 발표한 〈2016 고용동향〉에 따르면, 한국의 취업자 1인당 평균 노동 시간은 연 2,113시간으로 2위를 차지했다. 1위는 2,246시간을 기록한 멕시코로, 우리나라는 2008년 이후 7년째 2위를 놓친 적이 없다. OECD 34개 회원국 평균 노동 시간은 1,766시간이다. 우리는 평균보다 연간 43일을 더 일한 셈이다. 노동 시간이 짧은 국가들은 독일(1,371시간), 네덜란드(1,419시간), 노르웨이(1,424시간) 등으로, 독일과 비교하면 한국 노동자들은 연간 3개월을 더 일했다.** 장시간 노동은 가족이 함께 시간을 보내거나 취미

* 《한국일보》 2015년 11월 29일.

** 한국노동사회연구소 http://www.klsi.org/content/8438 2017년 7월 6일 검색

를 즐기는 일상의 여유를 앗아 간다. '타임푸어', 즉 시간 빈곤층이라는 말이 괜히 나온 게 아니다. 2015년 6월 통계청은 〈2014년 생활시간조사〉 결과를 발표했다. 우리나라 직장인 89.5%는 늘 피곤함을 느낀다고 했으며 73.1%는 시간이 부족하다고 답했다.

그렇게 시간에 쫓기며 지치도록 일을 하건만 전세가는 폭등해서 보통 사람의 월급으로는 대출이자만 겨우 감당하는 수준이다. 내 집 마련이나 노후 준비는 턱도 없고, 대학까지 아이들 교육이나 제대로 시킬 수 있을지도 걱정이다. 이제는 대학을 졸업해도 셋 중 하나는 비정규직이라는데, 그래도 대학 말고는 답이 없는 것 같아 '인 서울'에 목을 맨다. 마치 '아웃 오브 서울'이 되면 인생에서 아웃되기라도 하는 듯이. 아이들 학원비뿐 아니라 대학등록금을 조금씩이라도 모으려면 지금 더 일하고 더 벌어야 한다. 그러니 '지금'은 아이들과 함께 시간을 보낼 여유가 없다.

일하는 부모들만 바쁜 게 아니다. 아이들도 어른 못지않게 바쁘다. 영어, 수학, 논술, 중국어, 피아노, 수영…. 두세 가지는 기본이다. 학원이 끝나도 놀 수 없다. 집에 가면 학원 숙제가 기다린다.

자녀는 자녀대로, 부모는 부모대로 이렇게 바쁘다면, 한 지붕 아래 산다 한들 함께할 수 있는 시간이 대체 언제 나겠는가. '저녁이 있는 삶'은 상상 속 판타지일 뿐, 어느덧 각자 멀찍이 떨어진 섬이 되어 간다. 한 집에 살면서 서로 단절되었다는 느낌, 서로 연결되어 있지 않다는 느낌은 얼마나 쓸쓸하고 또 씁쓸한가.

사랑이 부족해서 생기는 가난

대한민국의 젊은 부모는 누구보다 피곤한 일상에서 벗어나고 싶은 이들일지 모른다. 양가 부모님의 도움도 받기 어려운 상황에서 고스란히 우리 부부가 감당한 '독박 육아'는 가파른 언덕 위로 날마다 무거운 바위를 굴려 올리는 시시포스를 떠올리게 했다. 이 땅의 젊은 부모는 '시간 빈곤'과 피곤함에 절어 아이들에게는 늘 죄인 된 심정으로 살아간다.

그렇다고 살벌한 현실만 탓하면서 우리 앞에 놓인 사랑의 책임을 포기할 수는 없는 일 아니겠는가. 요한 크리스토프 아놀드는 자신의 경험과 상담을 바탕으로 쓴 자녀 교육서 《아이는 기다려 주지 않는다》에서, 이 시대 부모들의 이율배반적인 바람에 대해 예리하게 지적한다. 대부분의 부모가 아이들과 더 많은 시간을 함께하기 바라지만, 정작 자신의 일이나 여가 활동을 줄이고 아이들 곁에 있기로 결단하는 이들은 드물다는 것이다.

> 안타깝게도 많은 어른들이 … 늘 너무 바빠 자녀들을 위해 시간을 내지 못한다. 어떤 부모들은 직장이나 여가 활동에 너무 매달린 나머지 집에 돌아온다 해도 아이들과 함께 놀아 줄 기력이 전혀 남아 있지 않다. 거실에 함께 앉아 있지만 마음은 아직도 직장에 있으며, 눈은 저녁 뉴스를 보고 있다. … 가능

하면 자녀들과 더 많은 시간을 보내고 싶다는 것이 대다수 부모들의 바람일 것이다. 하지만… 행동으로 옮기는 부모들은 찾아보기 힘들다.*

이 책에는 아버지가 공군 장교였던 한 여성의 이야기가 나온다. 그녀의 아버지는 자상했으며, '집에 있는 동안'은 함께 놀아주었다. 그러나 아버지가 집에 있는 일은 굉장히 드물었고, 그렇게 함께한 시간은 희귀했던 만큼 특별한 기억이 되어 버렸다. 당시 어린 그녀는 아버지가 주말에도 일을 하거나 장기간 집을 비우는 상황을 당연하게 여겼는데, 나중에 어른이 되어 일에 대한 아버지의 헌신이 결국 아버지 자신을 위한 것이었음을 알아차리게 된다. 이 여성은 "규정과 목표가 잘 짜여 있는 조직에서 성공하는 것이 가정을 잘 꾸려 나가는 것보다 훨씬 쉽다"고 말하면서 이렇게 덧붙인다.

"사실 부모 자신과 시간을 자식들에게 주는 것에 비하면 '아이들을 위해' 일하거나 '아이들의 미래를 위해' 돈을 모으는 것, 다시 말해 돈으로 아이들의 사랑을 사는 것은 훨씬 쉬운 일입니다."**

* 《아이는 기다려 주지 않는다》(양철북), p. 34

** 같은 책, p. 28

적지 않은 부모들이 가족과 아이들의 미래를 위해 일하느라 너무 바빠서 아이들과 함께 보낼 현재를 잃고 있다. 어느새 우리가 사랑할 시간은 소멸하고 사랑할 대상은 곁에 머물지 않는 때가 찾아온다.

엄마 아빠와 함께 시간을 보내기 원하는 아이들의 욕구를 최신형 스마트폰이 대신 채워 주고 있다. 드라마에서 자주 듣는 대사는 실상 우리가 자녀들에게 자주 하는 말인지도 모른다. "내가 누구 때문에 이렇게 바쁘게 일하는 줄 알아? 다 널 사랑하기 때문에, 다 네 미래를 위해서 이러는 거라고!" 그 마음은 결코 틀리지 않았지만, 아이들이 바라는 건 바로 '지금' 함께 놀아주고 시간을 보내는 것 아닐까.

자신을 내주지 않고, 시간을 내지도 않으면서 누군가를 사랑하는 일이 가능할까. 우리는 그걸 돈으로 대체하고 있다. 우리가 아이들과 함께하는 시간을 희생하고 바쁘게 살아가는 동안, 마더 테레사가 간파했듯, 부모와 아이들 할 것 없이 모두 "사랑이 부족해서 생긴 가난"에 직면해 있다. 그 가난이란 다름 아닌 영혼의 황폐함과 외로움, 무관심이다. 마더 테레사는 이것이 "오늘날 세상에서 가장 끔찍한 질병"이라고 했다.

아이들을 최우선에 두는 용기

얼마 전 평소 존경하던 한 선배를 만났다. 그는 자신이 '아버지 노릇'을 잘못 생각해 왔다면서, 어떻게 해야 좋은 아버지가 되는 건지 잘 모르겠다는 얘기를 했다.

"난 내가 열심히 일해서 돈을 벌어 가족들이 경제적인 고민 안 하고 살 수 있게 하는 게 아버지 노릇의 전부인 줄 알았어. 우리 아버지가 가장으로서 경제적인 책임을 잘 감당하지 못했거든. 그런데 애들 키우면서 살아 보니 그게 다가 아니더라…."

이 선배만 그런 건 아닐 것이다. 바쁘고 버거운 어른들의 삶에서 아이들과 함께하는 시간은 우선순위에서 밀려나기 십상이다. 그럼에도 우리가 아이들의 미래와 행복을 위해서 쉴 새 없이 일하고 희생한다고 스스로 속이거나 속는 일은 없는지 돌아보아야 한다. 요한 크리스토퍼 아놀드는 부모들에게 필요한 것은 아이들을 최우선으로 두는 용기라고 했다. 내게 이 말은 아이들을 최우선순위에 놓으려면 때로 어떤 일은 포기하는 용기가 필요하다는 의미로 들린다.

'부모-자녀 관계' 연구의 세계적 권위자로 꼽히는 존 가트맨 박사는 말한다.

"아이의 삶에 아버지가 같이할 수 있는 가장 좋은 방법은 '함께하는 것'이다."

<저만 알던 거인>
오스카 와일드 지음, 분도출판사, 1992-03-01

<사과가 쿵>
다다 히로시 지음, 보림, 1996-08-20

1.

아이들과 함께한 잠자리 낭독 10년 이야기

<우리 순이 어디가니>
윤구병 지음, 보리, 1999-04-03

1

'아버지'는 저절로 되지 않는다

흉흉한 아동 학대 사건들이 하루가 멀다 하고 보도되는 이즈음, '좋은 아빠 프로그램'을 교육하는 '아버지 학교'에 20-30대 젊은 아빠와 예비 아빠들이 몰리고 있다는 기사를 읽고 놀란 적이 있다.* 그렇게 열성적인 아빠들을 보면, 아버지 학교 근처에도 가본 적 없는 나는 아직 좋은 아빠가 아니다.

막상 아버지가 되어 깨달은 게 있다. '부성애'란 아버지가 되면 저절로, 자연스레 생겨나는 게 아니었다. 배우고 길러야 하는 것이었다. 아버지가 되는 순간, 신은 우리 가슴 속 작은 텃밭에 부성애의 씨앗을 선물로 뿌려 주는지도 모르겠다. 그러나 그 씨앗을 싹 틔우고 꽃 피울 책임은 나의 몫이다. 마땅히 물을 주고 돌보고 가꾸어야 한다. 나는 천성적으로 부성애 넘치는 아버지란 허상이라고 생각한다. 수고와 애씀이 없는 부성애를 나는 믿지 않는다. 아버지의 사랑뿐이랴. 모든 사랑이 그럴 것이다.

* "'아빠 학원' 찾는 2030 아빠들", 조선일보 2016년 3월 23일자

누구나 부모 노릇은 생애 최초의 경험이다. 미리 연습하거나 선행 학습으로 준비할 수 있는 일이 아니다. 준비된 부모란 있을 수 없다고 나는 생각한다. 생명은 뱃속에서부터 태어난 이후로도 계속 성장하고 변화해 간다. 부모도 계속해서 함께 성장하고 변화해 갈 뿐, 처음부터 숙련된 부모란 어불성설 아닐지.

인생에서 맞닥뜨리는 여러 관문은, 무사히 통과했다고 그 즉시 월계관을 씌워 주지는 않는다. 그건 말 그대로 하나의 중요한 길목일 뿐 본격적인 전투는 그 관문을 들어선 다음부터 시작된다. 숱한 전투를 거치며 승리와 패배를 번갈아 겪고, 피 흘리는 상처를 입고 눈물을 삼키기도 하고, 그럼에도 중간에 포기하거나 투항하지 않고 버텨 가며 비로소 고지에 이른다. 나 역시 인생의 여러 관문을 지나며 분투하는 중일 뿐 고지에는 아직 이르지 못했다.

오래 전에 만난 어느 아버지가 생각난다. 리더십 교육 프로그램에서 만난 간부급 공무원이었는데, 첫 시간에 자기를 소개하면서 들려준 얘기가 아직도 기억에 남아 있다.

"저는 공무원으로 30년 넘게 일해 왔습니다. 그런데 퇴근해서 집에 들어가면 저를 반기는 건 우리 집 개밖에 없습니다. 자식들하고는 대화가 잘 안 되는데, 아이들이 '아버지는 말이 잘 안 통한다'는 말을 자주 합니다. 그래서 이번 교육을 통해 가족 안에서 소통하고 대화하는 법을 배우고 싶습니다."

뒤풀이 시간에 그분 얘기를 좀 더 들을 기회가 있었다. 공무원 생활을 천직처럼 여기고 성실히 헌신해 온 분이었는데, 자기 일에 대해 늘 공부하고 연구하려는 자세가 말과 행동에서 자연스레 배어났다. 늦은 나이에 혼자 영어 연수까지 다녀와서 외국인이 부서를 방문할 때면 통역과 의전을 도맡아 할 정도였다. 그런데 정작 가정에서는 퇴근해서 돌아와도 자녀들에게 환대받지 못하는 자신의 처지를 몹시 씁쓸해하고 있었다.

일평생 가족을 위해, 자녀를 위해 성실히 자기 일을 감당해 왔는데, 이제 독립할 정도로 자란 자녀들은 정작 아버지와 대화를 피하거나 귀가해도 반기지 않는다는 얘기에 쓸쓸하게 가슴이 아려 오던 기억이 난다. 그러면서도 그분은 자녀들과 대화하는 법을 잘 몰라서 그런 것 같다며 이번 기회에 관계 소통 기술을 제대로 배워야겠다고 결연한 각오를 비치기까지 했다.

김현승 시인은 〈아버지의 마음〉이라는 시에서 "어린 것들은 아버지의 나라"요 "아버지의 동포"라고 노래하면서, 자신의 '나라'와 '동포'(아이들)를 위해 헌신하는 아버지들의 외로움을 이렇게 노래했다.

아버지의 눈에는 눈물이 보이지 않으나

아버지가 마시는 술에는 항상
보이지 않는 눈물이 절반이다.

요한 크리스토퍼 아놀드는 가족 안의 '상호 소외' 현상에 대해 이렇게 갈파했다.

> 진정한 의미에서 아버지의 역할은 단지 육체적으로 아이들과 함께한다고 해서 끝나지 않는다. 아이들과 같은 집에 살면서도 실제로는 아무런 사귐도 없이 정서적으로는 아이들과 동떨어진 아버지들이 얼마든지 있다. 오늘날, 사랑과 관심을 받고자 하는 자녀들의 굶주림을 물질적인 것으로 해결하려는 아버지들이 얼마나 많은가? 아이들이 정말 원하는 것은 껴안아 주고 웃어 주고 잠자리에서 책을 읽어주는 것인데도 많은 아버지들이 오랫동안 집을 비운 것을 보상하거나 양심의 가책을 감추기 위해 그저 선물을 안겨주고 있지 않은가?*

사랑이란 그렇듯 수고와 땀을 먹고 자라는 나무다. 아무리 생각해 봐도, 여러 책을 읽어봐도 다른 길은 없다. 앞서 얘기한 어느 공무원처럼, 자녀들과 소통하는 아버지, 대화하는 아버지가 되고

* 《부모가 학교다》, p. 41

자 예순이 가까운 나이에도 기꺼이 삼사십 대 직장인들과 함께 리더십 교육 프로그램에 참가하는 수고를 마다하지 않는 게 바로 사랑이다.

카프카의 아버지, 이 시대의 아버지

3년 전 아이들과 프란츠 카프카의 《변신》을 함께 읽었다. 루이스 스카파티의 삽화가 실린 번역본이었는데, 아이들은 '갑충으로 변신한 인간' 이야기를 달가워하지 않았다. 게다가 스카파티의 강렬한 일러스트를 보며 섬뜩하다는 반응이었다.

《변신》에는 주인공 그레고르 잠자의 아버지가 나오는데, 굉장히 가부장적이고 권위적인 인물이다. 작품 속에서 갑충으로 변한 그레고르가 시름시름 앓다가 죽게 되는 결정적 계기를 제공한 이가 바로 그의 아버지다. 벌레로 변한 아들을 향해 '폭탄처럼 집어 던진' 사과가 그레고르의 몸에 박혀 치명상을 입혔던 것이다.

그레고르의 아버지는 아들에게 지나치게 엄격하고 냉혹하며 폭력적인 모습으로 그려지는데, 이는 카프카의 실제 아버지를 상당 부분 반영한 것처럼 보인다. 아이들은 그레고르의 아버지가 나오는 장면에서는 더욱 격한 반응을 보였다.

"헐, 그레고르 아버지는 왜 그런대요? 정말 싫다, 진짜!"

"진짜 아버지 맞아요? 너무 심한 거 아니에요?"

'다른 책 읽으면 안 되냐'는 아이들의 숱한 불평을 물리치면서 《변신》을 끝까지 읽었다. 새드엔딩을 싫어하는 딸아이가 툭하면 투덜대는데도, 벌레로 변한 주인공이 소외와 단절을 겪다가 끝내는 죽음에 이르는 이 '끔찍한' 스토리를 끝까지 읽어준 이유가 있다. 벌레와도 같은, 아니 벌레만도 못한 인간들이 허다한 이 세상에서 우리는 종종 더 슬프고 끔찍한 새드엔딩 스토리를 만나기 때문이다. 《변신》이 그저 작가의 상상이 빚어 낸 기괴한 이야기가 아니라, 현실에서 실제로 경험되는 이야기일 수도 있다고 생각한 것이다.

그레고르의 아버지 잠자 씨를 카프카의 실제 아버지에 견주어 읽은 건, 오래 전 읽은 카프카의 《아버지에게 드리는 편지》 때문이다. 이 글은 폐결핵을 앓던 카프카가 숨을 거두기 5년 전, 곧 그의 창작 활동이 절정에 이른 1919년 서른여섯의 나이에 쓴 것이다. 이 장문의 편지는 한 아들에게 아버지가 어떤 존재였는지, 그로 인해 그 아들이 어떤 쓰라린 상처를 지닌 채 성장했는지, 따라서 아버지는 자식에게 어떤 존재여야 하는지를 역설적으로 잘 보여 준다.

편지는 아버지에 대한 두려움을 말하며 시작한다.

> 저는 오래 전 언젠가부터 아버지를 피해 다녀야 했지요. 제 방 안으로, 책 속으로, 좀 정신 나간 친구들한테로, 터무니없는 이

넘들 쪽으로 말이에요. 저는 아버지와 한 번도 솔직하게 터놓고 이야기를 나누어 본 적이 없었지요.*

자식이 어린 시절부터, 그리고 성인이 된 뒤로도 줄곧 피해 다녀야 했던 아버지라니…. 아들이 서른여섯 살이 되도록 아버지와 "한 번도 솔직하게 터놓고" 대화한 적이 없는 관계가 단지 아버지 잘못일 수만은 없다. 카프카도 부자간의 단절이 아버지 탓이 아니라고 언급하지만, 동시에 자기 책임도 아님을 강조한다.

카프카에게 아버지는 "자신은 평생을 자식들, 특히 아들을 위해 죽도록 일만 하며 모든 것을 희생해 왔지만, 그와 달리 아들은 뭐든 남부럽잖게 배울 자유를 누리며 아무런 걱정 없이 자랐다"고 단순히 생각하는 분이었다. 그뿐 아니라 소심한 아이였던 자신을 "아버지 자신이 겪으신 대로만 다룰 줄" 알았으며, 그로 인해 자신은 아버지에게 무의미한 존재라는 "고통스러운 관념"에 오랫동안 사로잡혔음을 고백한다.

몇 년이 지나고 나서까지도 저는 고통스러운 관념 속에 시달려야 했습니다. '어느 날 밤 거인의 모습을 한 아버지가 느닷없이 최후의 심판관이 되어 나타나서는 나를 침대에서 들어내

* 《아버지에게 드리는 편지》(문학과지성사), p. 11

> 파블라취로 끌고 나갈 수도 있다. 그만큼 나란 존재는 아버지 한테 아무것도 아닌 존재이다'라는 관념이었지요.*

파블라취란 체코의 오래된 공동주택에 딸린 발코니형 복도로, 카프카에게 트라우마를 안겨준 장소다. 어린 나이의 카프카가 한밤중에 일어나 물을 달라고 칭얼대자 아버지는 그를 속옷 바람으로 침대에서 끌고 나가 긴 시간 동안 파블라취로 내쫓아 버렸다. 그날 이후 어린 카프카에게 아버지라는 존재는 언제 어느 때라도 나타나 자기 마음대로 카프카를 '어둠의 세계'로 쫓아내는 가혹한 '최후의 심판관' 이미지로 깊이 각인되었고, 그 이미지는 나이가 들어서도 바뀌거나 사라지지 않았다. 그의 아버지는 변화하기 위한 어떤 노력도 기울이지 않았을 뿐더러, 사업에 몰두하느라 하루에 한 번도 아들과 마주하는 시간을 갖지 않았다.

성장기의 카프카에게 세상은 '세 종류의 세계'로 인식되었다. 첫째는, 자신이 살고 있는 '노예의 세계'로, 자기만을 위해 만들어진 (그러나 결코 제대로 지키기는 어려운) 법칙이 지배하는 세계였다. 둘째는, 아버지가 살고 있는 '통치의 세계'로, 거기서 아버지는 항상 명령을 내리고 그 명령이 안 지켜지면 불같이 화를 내는 전제군주였다. 셋째는, 다른 사람들이 살아가는 '자유의 세계'로, 명령과

* 같은 책, p. 26

복종에서 벗어나 자유롭고 행복하게 살아가는 세계였다.

독선적이고 강압적인 아버지 밑에서 성장했음에도 카프카는 "가정이란 … 사람이 이룰 수 있는 최고의 것"이라고 믿었다. 그러나 아버지로 인한 상처 때문이었는지, 가정을 이루기 위한 세 차례의 진지한 결혼 시도는 모두 실패로 돌아가고 말았다. 결핵 요양원에서 마흔한 살의 비교적 젊은 나이에 생을 마감한 카프카는, 평생 우울증과 불안증을 앓으며 불행하고 음울한 삶을 살았던 것으로 알려져 있다.

카프카의 편지를 읽는 내내, 그의 아버지가 자기 성취에 쏟은 열정의 일부라도 아들과 함께 시간을 보내는 데 썼더라면, 그리하여 조금이라도 아들이 스스로 의미 있는 존재임을 느끼게 해주었더라면… 하는 부질없는 생각이 들었다. 또한 자녀 교육이나 아버지의 역할에 관한 온갖 정보와 프로그램, 책이 넘치는 오늘 우리 시대의 아버지들은 얼마나 다를까 하는 의문이 들었다.

처음이자 유일한, 아버지의 선물

50여 년 전 내가 태어났을 때 아버지는 동지나해 어디쯤을 떠다니고 계셨다. 고등어잡이 어선의 선원이었던 아버지는 당연히 나의 출생을 지켜볼 수 없었다. 한 달에 한 번, 배가 기름과 식량을 보충하러 항구로 들어올 때가 아버지의 귀가일이었다. 그마저도 새벽이나 한밤중에 오셨다가 이틀이나 사흘 뒤 다시 새벽이나 한밤중에 홀연히 떠나시곤 했다.

성장기 동안 아버지를 가까이에서 본 날이 얼마나 될까? 오죽했으면 중고생 시절, 친구나 후배들은 우리 아버지가 돌아가셨다고 알고 있을 정도였다. 그러니 나는 우리 아버지에게서 '아버지란 가족 안에서 이런 존재구나' 하는 역할 모델의 모습을 본 적이 드물었다. 하선하여 집에 와 계실 때에도 워낙 과묵하신 탓에 이렇다 저렇다 말씀하시는 모습을 보기도 쉽지 않았다.

성장기 동안 아버지와 관련하여 기억나는 일화는 딱 두 가지다. 초등학교 3, 4학년쯤 되었을까. 학교에서 돌아오니 웬일인지 환한 대낮에 아버지가 집에 와 계셨다. 늘 그랬듯, 서로 반가움보다는 어색함이 짙게 흘렀다. 어색한 표정으로 인사를 하고 집 밖으로 뛰쳐나가려는 나를 아버지는 불러 세우셨다.

"호야, 니 이리 좀 온나."

"네? 네…."

쭈뼛거리는 막내에게 아버지는 뭔가 '새 것' 냄새가 나는 물건을 내밀었다.

"아나, 이거 니 책이다. 니 줄라꼬 읍내서 사왔다."

"네? 아 네… 고맙습니데이."

아버지에게 처음 받은 선물이었다. 그 뒤로는 받은 적이 없으니 유일한 선물이기도 했다. 왜 책을 사 오셨는지 들은 적은 없다.

묻지도 않았으니까. 황금빛이 찬연하던 표지가 지금도 눈에 선하다. 그 시절 겨우 끼니는 거르지 않았던 집안 형편에 다섯 남매 중 막내인 내가 '새 것'을 가질 수 있었던 건 무척이나 희귀한 일이었다. 그 휘황찬란한 새 것이 주는 매력은, 그게 책이든 혹은 그 무엇이든 상관없이 좋았을 것이다.

책은 두 권이었다.《아라비안 나이트》와《로빈슨 크루소》. 기억이 맞다면, 계림문고 〈소년소녀 세계의 명작〉 시리즈로 나온 것이 있다. 아버지는 두 권의 책 뒤표지 안쪽에 검정 모나미 볼펜으로 음각하듯 또렷한 필체로 써 놓으셨다.

"책 주인 옥명호."

무엇보다 '주인'이라는 말이 좋았다. 그 누구의 것도 아닌, 누구도 손댈 수 없는, 나만 가질 수 있는, '내 것'이 생기다니! 뒤표지 맨 아래 인쇄되어 있던 "책값 650원"이 여전히 생생한 기억으로 남아 있다.

아버지의 그 유일한 선물 덕이었을 것이다. 읽기의 즐거움을 알게 된 건. 이야기를 좋아하고, 몽상에 빠지거나 즐겨 상상하는 버릇을 갖게 된 건. 아버지의 품에 안겨 본 기억도 없지만, 아버지 손을 잡고 여행을 가는 건 꿈조차 못 꿀 일이었지만, 아버지는 내게 크나큰 선물 하나를 남기셨다. 어쩌면 내가 우리 아이들에게 10년 넘게 책을 읽어주고 있는 건, 아버지가 주신 그 두 권의 책에서 시작되었는지도 모를 일이다.

사랑도, 아버지 노릇도 '배워야' 한다

1년 1개월 15일의 연애 기간을 보내고 나는 결혼에 골인했다. 연애 중에는 결혼을 하게 되면 자연스레 우리 두 사람의 사랑이 한 차원 더 깊어지리라 기대했다. 크나큰 착각이었다. 그걸 깨닫는 데는 오랜 시간이 필요치 않았다. 사랑이 깊어지기는커녕 다툼이 잦아졌다.

서로 성장한 가정환경이 다르다는 건, 생활습관과 일상의 여러 일들에 관한 관점이 그만큼 다르다는 걸 의미한다. 한 사람은 양말을 뒤집어 벗는데, 다른 사람은 양말을 신은 대로 벗는다. 한 사람은 육식을 즐기는 식성을 가졌으나, 다른 사람은 채소를 더 즐긴다. 남편은 돈이란 없으면 빌려 쓰면 되는 거라고 생각하는 반면, 아내는 없으면 안 써야 하고 절대 빌려 쓰지 않는 게 철칙이다. 달라도 너무 다른 두 사람이 매일 한 공간에서 시시콜콜한 일상을 함께하는 결혼생활은, 참깨를 고소하게 볶기도 하지만 갈등을 치열하게 지지기도 하는 일이었다.

그만큼 결혼생활은 성격이 동쪽과 서쪽만큼이나 먼 두 사람이 서로 용납하고 사랑하는 법을 배워 가는 여정이었다. 결혼 햇수가 늘어 간다고 사랑의 용량도 비례해서 늘어나지는 않았다. 사랑의 우물이 점점 줄어들다 결국엔 미움과 회의의 찌꺼기만 남기고 바닥까지 메말라 버리는 경우가 얼마나 흔한가.

결혼을 하고 가장 좋았던 건, 내가 이 세상에서 사랑하는 오직 한 여자의 남편이 되었다는 사실이었다. 사랑하는 한 여자의 남편이어서 가슴 벅차고 행복했다. 사랑하는 한 여자의 남편일 수 있어서 감사했다. 그러나 내가 '한 여자의 남편'이라는 사실과 '좋은 남편'이 된다는 건 별개의 문제였다. 좋은 남편으로 성장하기 위해서는 노력을 기울여 배우고 익혀야 했다. 사랑이란 마음과 의지의 벽돌로 쌓아 올리는 건축물이란 걸 나는 결혼생활 초기에 일찌감치 깨달았다. 매일의 노력 없이는 감정이란 너무도 쉽사리 증발하는 신기루임을 알았다.

결혼한 지 1년쯤 지나서 아내가 임신을 했을 때, 기쁨보다 두려움이 몇 걸음 더 앞서 찾아왔다. 내가 지금 준비가 되어 있는 건가, 내가 과연 아버지 노릇을 잘할 수 있을까…. 자신이 없었다. 아이를 품에 안았을 때, 갓 태어나 햇눈을 뜨고 꼬물거리는 생명의 신비와 경이에 가슴이 뻐근할 정도로 기뻤지만 한편으로는 여전히 내가 좋은 아버지가 될 수 있을지 무거운 질문이 뒷덜미를 눌렀다.

'남편'이 내게 생소한 역할이었듯이, '아버지' 또한 낯선 길이었다. 낯선 길은 흥분과 두려움을 동시에 불러일으킨다. 피할 수 없는 길이라면 두려움을 안고서라도 한 걸음씩 내디뎌야 앞으로 나아갈 수 있다. 처음 맞닥뜨리는 삶의 역할은 부딪치면서 배워야 그에 걸맞은 사람으로 성장해 갈 수 있다. 그래서 '아버지 학교'라는 프로그램이 오랫동안 이어져 오고 '좋은 아빠 학원'까지 생겨

나는 것이리라. 배우지 않으면, 카프카가 말했듯이 '자신이 겪은 대로만 자식을 다룰 줄 아는' 아버지가 될 수밖에 없을 것이다.

경청하고 대화하는 친구 같은 아버지, 성장기의 아이들과 더불어 자라 가는 아버지로 살아가려면 어떻게 해야 할까? 어떤 구체적인 방법이 있을까? 이제 그 이야기를 조금씩 풀어 나갈 참이다.

2

독서 육아의 시작

첫 아이가 두 돌이 채 되기 전 아내는 직장을 그만두었다. 직장이 멀어서 체력의 한계를 느낀 데다 아이를 아침저녁으로 다른 사람의 손에 맡기고 찾아오는 일을 힘들어했다. 그러던 차에 과중한 업무 부담, 누적된 피로로 스트레스가 임계점을 넘었다. 아내는 당분간 일을 쉬고 아이에게 집중하고 싶다고 했다.

절실하고도 절박했던 육아 분담

딸아이는 에너지가 많고 욕구가 강한 기질이다. 내가 회사에 간 동안 하루 종일 여러 활동을 하고, 나들이를 하고, 책을 읽어주며 하루를 보내고 나면 저녁에 아내는 파김치가 되었다. 하루가 저물 때가 되면 아내는 '선수 교체'가 절실했다. 양가 부모님은 모두 영호남의 끝자락(거제도와 나주)에 살고 계셨고, 가까이에 비빌 언덕이라곤 어디에도 없었다. 그 시기 어느 책에서 읽은 한 구절, "아이 하나를 키우려면 마을 하나가 필요하다"라는 아프리카 속담이 얼마나 절실히 와 닿던지. 그러나 서울이라는 대도시에서 우리는 주민이 단 둘인 마을에 사는 것만 같았다.

지금이야 '집밥 백○○ 선생' 덕에 몇 가지 음식을 만들지만, 당시만 해도 요리는 내게 언터처블, 즉 손댈 수 있는 분야가 아니었다. 그저 시간 날 때마다 아이 목욕시키기, 젖병 씻기, 기저귀 갈기, 설거지, 쓰레기 분리수거 등을 주로 맡아서 했다. 이 가운데 책 읽어주기는 아이들에게도 유익하고 내게는 그다지 힘이 들지 않는 일이라 좋았다.

처음에는 어쩌다 짬이 나면 잠시 그림책을 읽어주는 정도였다. 집 안에서 딱히 할 게 없을 때, 놀이거리도 다 떨어졌을 때, 아니면 놀아줄 기력도 의욕도 별로 남아 있지 않을 때, 책은 내게 좋은 도피처였고 아이들에게는 싫지 않은 대안이었다.

책을 읽어주다 보면 더러 웃기는 해프닝이 생기곤 했다. 딸아이가 다섯 살쯤 되었을 때였을까. 퇴근하고 저녁을 먹은 뒤 흔들의자에 앉아 아이를 무릎에 앉힌 채 《엄지공주》를 읽어주기 시작했다. 엄지공주가 왕자를 만나는 장면이었는데, 졸음이 어찌나 쏟아지는지 책의 내용과는 다르게 헛말이 튀어나왔다.

"왕자는 엄지공주에게… 수작을 부렸습니다…."

졸음에 취한 채 책을 읽어주면서도 '수작을 부렸다'는 내 목소리에 화들짝 놀라서 잠이 다 달아났다. 딸아이가 몸을 돌려 이상하다는 표정으로 아빠 얼굴을 빤히 보고 있었다.

"아빠, 왜 책 안 읽어요?"

순간 웃음이 터져 나왔다. 옆방에서 웃음소리를 들은 아내가 쫓아와서 무슨 일이냐고 물었고, 내가 들려준 이야기에 아내도 배를 잡고 웃어 대기 시작했다. 딸아이만 여전히 이해가 안 된다는 표정으로 우리 부부를 보고 있었다.

"아빠가 책 읽어주는데 너무 졸렸거든. 그래서 책을 읽다가 그만 헛소리가 튀어나왔어. 수작을 부렸다는 건 못된 짓을 했다는 뜻이야. 근데 왕자가 엄지공주에게 못된 짓 한 게 아닌데, 아빠가 졸려서 잘못 말이 튀어나온 거야. 그래서 아빠가 졸면서도 그 말에 깜짝 놀랐어. 그리고 너무 웃겨서 막 웃었던 거야."

아이는 여전히 의아한 표정인데 아내와 나는 웃음을 멈추지 못했다. 지금 이 이야기를 쓰면서도 그때 생각이 나서 다시 웃음이 나온다.

늦게 퇴근해도 함께할 수 있는 일

퇴근 후 책 읽어주기를 도맡아 하는 날이 조금씩 늘어 갔다. 야근을 하고 늦게 귀가한 날이면, 아내는 전후반을 죽어라 뛰고 연장전까지 끝내고서도 쌩쌩한 두 에너자이저와 상대하느라 진즉 체력이 고갈되어 있었다. 엄마의 에너지를 다 빨아들인 두 녀석은 이제나저제나 교체 선수가 들어오기만 기다리고 있었다. 야근하고 귀가한 아빠의 사정은 당연히 알 바 아니었다. 그게 아이들이란 존재였다.

나는 씻을 새도 없이 링 위로 올라가 어린 두 적군의 맞상대가 되어야 했는데, 불행히도 내가 쓸 수 있는 무기는 거의 남아 있지 않았다. 온몸이 너덜너덜해져서 귀가한 날은 그대로 잠들고 싶기 마련이다. 그런 날에도 책은 아이들을 상대하는 유용한 (그것도 해를 입히지 않는) '무기'가 되어 주었다. 입만 뗄 수 있다면 할 수 있는 게 책 읽어주기이기 때문이다.

종일 눈에 띄지 않던 아빠가 나타나 책을 읽어준다니, 아이들은 무슨 색다른 놀이로 받아들이는 듯 엄마에게서 떨어져 아빠에게 들러붙었다. 그러면 아내는 숨을 돌리거나, 때로는 먼저 곯아떨어지기도 했다. 그렇게 하루하루 잠들기 전에 책을 읽어주다 보니, 어느새 내가 아이들 재우기 담당이 되어 버렸다.

밤이 깊으면 아이들도 본능적으로 안다. 이제 잠자리에 들어야 한다는 걸. 잘 시간이 되면 알아서 스르르 잠드는 아이들이 있다. 그런 아이들은 왜 꼭 남의 집에만 있는지. 우리 아이들은 불 끄는 걸 극도로 싫어하거나(첫째), 등에 업고서 한 시간여를 씨름해야 잠이 들었다(둘째). 어둠(밤)을 싫어하고 눕기(잠)를 싫어하는 아이들이 바로 우리 집 두 아이였다.

그러니 우리 부부에게는 하루 일과 중 가장 힘든 게 밤에 아이들 재우는 일이었다. 재우려 애를 쓰면 자지 않으려 악을 썼다.

아이들이나 우리 부부나 서로 다른 목적으로 '잠과의 전쟁'을 벌였다고나 할까. 두 아이를 겨우 재우고 나면 온몸에 기운이 다 빠져나갔다. 어쩌다, 정말 어쩌다 두 녀석이 한꺼번에 저절로 잠이 든 날이면, 커다란 선물을 받은 듯 우리는 벅찬 해방감에 어쩔 줄을 몰랐다.

잘 시간이 되면 꼭 낮에는 읽지도 않던 책을 끄집어내 읽어 달라고 졸라대는 애들이 우리 집에 있었다. 내 눈에는 그 모습이 책을 읽고 싶은 열의라기보다는 자는 시간을 조금이라도 늦춰 보려는 잔꾀로 보여서 오히려 야단을 치기도 했다. 그런데 내가 밤에 아이들 머리맡에서 책을 읽어주기 시작한 뒤로는 야단을 칠 이유가 없어졌다. 오히려 저희들이 가져오면 내가 책 고를 고민을 하지 않아도 되니 더 좋았다.

"다람쥐들, 이제 치카치카 하고 와라. 아빠가 책 읽어줄게."

아빠의 이 한마디는 취침 준비 사인이다. 그러면 아이들은 앞다투어 화장실로 쪼르르 달려간다.

동요 시디 석 장을 연속으로 듣고 나서도 다시 그림책을 여러 권 끙끙대며 들고 오던 아이들이, 취침 사인이 '이제 자자'에서 '아빠가 책 읽어줄게'로 바뀐 뒤부터는 잽싸게 씻으러 달려가는 것이었다. 녀석들이 나중에 머리가 굵어지고 취침 시간이 늦어지면서는, 취침 사인을 주어도 "잠깐만요" "이것만 하고요" "10분만 있다가요" 라며 미루기는 했지만 말이다.

그렇게 매일 밤 '아빠표 책읽기'는 시나브로 아이들과 아내와 나 모두가 좋아하고 기다리는 시간이 되어 갔다.

3

어쩌다 '책'을?

그런데 나는 어쩌다 아이들에게 책을 읽어주기 시작한 걸까.

다른 무엇보다 나는 아이들에게 함께하는 시간을 주고 싶었다. 일평생 선원으로 바다 위를 떠돌았던 우리 아버지, 나는 아버지와 함께 시간을 보낸 추억이 없다. 아버지는 내게 오랫동안 '가까이 하기엔 너무 먼 당신'이었다. 워낙 과묵한 분이기도 했지만, 대화를 해 보려 해도 나눌 '건덕지'가 없었다. 함께한 시간과 추억의 부재는 부자 관계의 결핍으로 이어졌다. 십수 년 넘게 대화가 없었던 관계에서 대화의 물꼬를 터 보려는 시도는 쉽지 않은 일이었다. (이 이야기는 다음 장에서 다시 나눌 생각이다.)

이런 성장기 경험으로 인해, 아버지가 된 이후 나는 아이들과 시간을 많이 보내려고 적잖이 고민했다. 아이들과 함께한 시간이야말로 그들의 마음과 뇌리에, 그리고 몸에까지 새겨져 내가 그들 곁을 떠난 뒤라도 오래도록 남아 있지 않을까 생각했다. 따스한 추억이 있다면 험한 세상을 조금이나마 여유 있고 넉넉하게 살아갈 수 있지 않을까 싶었다.

아이들과 함께 시간을 보낼 수 있는 도구는 책 말고도 많다. 블록 놀이도 있고, 게임기도 있고, 운동장에서 공을 찰 수도 있고, 캠핑을 떠날 수도 있잖은가. 여행을 한다면 더욱 긴 시간을 함께 보낼 수 있다. 그럼에도 나는 왜 책을 택했을까? 오래 생각할 필요도 없이 곧바로 몇 가지 답이 나왔다.

첫째, 책은 내게 쉬운 도구이기 때문이다. 내 기질상 몸으로 구르고 뒹굴면서 놀아주는 건 에너지가 많이 소모되는 일인 반면, 책을 읽어주는 건 그리 힘이 들지 않았다. 나 자신이 책을 좋아하고 관련된 일을 하고 있어서였을 것이다.

둘째, 책을 읽어주며 아이들과 오롯이 함께할 수 있는 시간이 좋았기 때문이다. 출판 일을 하면서 야근은 일상적이었다. 마감일이 다가올수록 야근도 더 잦아졌다. 주위의 직장인들을 보니 그래도 나는 양호한 편에 속했다. 광고업계에서 일하는 어느 아빠는 자정을 넘기고 첫새벽에 귀가하거나, 심지어 날밤을 꼬박 새고 일한 뒤 사우나에서 씻고 다시 출근하기를 며칠씩 하는 경우도 많았다. 오죽했으면 그이의 아내가 아이를 업고 한밤중에 남편 직장까지 찾아가 당장 나오라고 소리를 질렀을까. 깜짝 놀란 부서장이 택시비를 주면서 어서 퇴근하라고 재촉하더란 얘기를 요샛말로 '웃프게' 들은 기억이 난다.

나는 원고를 싸들고 퇴근할망정 자정이 되기 전에는 귀가하는 편이었다. 그러면 아이들 머리맡에서 책이라도 읽어주는 그 시간이 하루 중 유일하게 아이들과 함께하는 시간일 수밖에 없었다. 더욱이 아이들을 재우는 데는 경험상 책만 한 게 없는 것 같다. 아이들의 잠자리를 평온하고 아늑하게 어루만져 주기로는, 아빠의 책 읽는 목소리를 당해 낼 수 없다는 게 내 지론이다. 아무리 잘 만든 동요나 노래, 낭독 시디라도 말이다.

셋째, 책 읽어주기는 날씨와 장소에 상관없이, 언제나 할 수 있는 일이다. 야외 활동은 날씨의 영향을 많이 받는다. 장난감은 똑같은 것으로 한 달 이상 계속 가지고 놀기가 쉽지 않다. (나는 게임이나 블록에 도무지 흥미를 느끼지 못했다. 블록 놀이는 나보다 아내가 더 잘했다.) 그러나 책은 매일 읽어주더라도 스토리가 이어지면서 새로운 사건과 장면이 펼쳐지기에 싫증 날 염려가 없다. 오늘 읽은 이야기에 이어지는 다음 장면이 궁금해져서, 다음 날 읽을 부분을 자청해서 진도를 더 나간 적도 많다.

그렇다면 아빠가 이미 내용을 아는 책은 읽어주기가 지루하지 않겠냐고 물으실지 모르겠다. 그렇지 않았다. 《나니아 연대기》(전 7권) 《로빈슨 크루소》《15소년 표류기》 같은 책은, 내가 이미 다 읽어서 알고 있는 내용임에도 새롭게 눈에 들어오는 부분이 있었다. 그럴 때면 예전에 읽었을 때와는 다른 새로운 감동이나 깨달음을 얻기도 했다.

넷째, 책은 편의성과 휴대성에서도 강점을 발휘한다. 특히 여행 중에 책은 아이들의 잠자리를 편안하고 행복하게 해주는 좋은 친구가 된다. 책은 별로 부피를 차지하지 않아 짐이 되지 않는다. 인형이나 장난감보다는 그림책 한 권이 부피를 덜 차지하는 편이다. 그래서 평소 집에서 읽어주던 책을 미리 여행 가방에 챙겨 두었다가 그날의 일정이 끝나고 잠자리에 누울 시간이 되면 꺼내 읽어주었다. 아이들은 여행지에서도 잠자리 책읽기를 무척 좋아했다.

다섯째, 책을 계속 읽어주다 보면 언젠가는 저희들도 알아서 책을 좋아하게 되지 않을까 하는 기대도 있었다. 딸아이는 확실히 책을 좋아하고 많이 읽는다. 같은 책을 몇 번씩 되풀이해 읽기도 한다. 아들 또한 누나만큼 달려들진 않아도 책을 즐겨 읽는다. 둘 다 아빠가 잠자리에서 읽어준 책을 다시 읽고 싶다면서 스스로 찾아 읽는 건 흔한 일이었다.

초등학교 1학년이던 둘째가 어느 날 '나니아 연대기' 시리즈를 꺼내 읽는 모습을 보고 놀란 적이 있다.

"아들, 그 책 아빠랑 같이 읽은 건데 다시 읽니?"

"네, 재밌어서요."

아빠가 잠자리에서 읽어준 책이 재미있으면 아이들은 자연스레 다시 찾아 읽곤 했다. 아빠 목소리로 들으면서 재미있었던 장면이 생각나서 책을 다시 펴 보기도 하고, 그 다음 장면이 궁금해서 미리 찾아 읽기도 했다.

이렇듯 아이들에게 책을 읽어주기 시작한 건, 내겐 다른 무엇보다 '책'이 아이들과 함께하는 시간을 보내기에 가장 간단하면서도 유용한 수단이었기 때문이다.

전문가들이 말하는 '책 읽어주기'의 가치

지금까지 한 평범한 아빠가 잠자리 책읽기를 시작하게 된 개인적인 경험을 나누었다. 한 발 나아가 책 읽어주기가 어떤 의미와 가치를 지니는지 조금은 객관화해서 살펴볼 필요가 있겠다 싶다. 그래서 몇 가지 자료를 찾아 소개해 본다.

교육 전문가가 말하는 '책 읽어주기'

어느 주말, 데이트 삼아 아내와 북촌을 돌아다니다 '아름다운 가게'에 들렀는데, 거기서 만난 책 《학교란 무엇인가》에서 흥미로운 내용을 읽었다. 이 책은 교육방송(EBS)이 지난 2010년 말 우리나라의 교육 문제에 대해 1년 2개월에 걸쳐 심층 취재한 10부작 기획 다큐멘터리 〈학교란 무엇인가〉를 편집하여 펴낸 것이다. 이 프로그램은 학교의 진정한 역할과 아이들이 행복해지는 교육 조건이 무엇인지 제시함으로써 큰 반향을 일으켰다.

이 책에는 부모의 '책 읽어주기'에 관한 데이비드 피어슨 미국 버클리대 교육대학원 학장의 인터뷰가 실려 있다. 그는 책 읽어주기야말로 "언어와 책에 대한 흥미를 갖게 하는 최고의 방법"이라고 강조하면서 다음과 같이 덧붙인다.

아이들에게 큰소리로 책을 읽어주는 것은 아이들이 책에 흥미를 갖고 언어나 어휘를 배울 수 있는 기회를 줍니다. 소리 내어 책 읽어주기는 언어에 대한 경험과 지식을 확장시켜 주는 데 큰 도움이 되지요.*

평소 책에 흥미가 많고 글쓰기를 잘하는 편인 우리 집 아이들을 볼 때, 이 말을 부인하기 어렵다.

아동발달학 권위자가 말하는 '책 읽어주기'

한국의 부모들은 대체로 아이들의 성장 과정에서 속도를 중시하는 경향이 있다. 갓난아이가 옹알이가 빠르고, 배밀이도 일찍 하고, 혼자서 몸을 빨리 뒤집고, 스스로 일어나 걸음마를 빨리 시작하고, 말을 일찍 한다면 무척이나 흐뭇해하고 만족스러워한다. 아이의 '영재성' 여부를 진지하게 고민하기까지 한다. 여기서 빠름 혹은 앞섬의 기준은 다른 집 아이들이다. 특히 우리 아이가 (다른 집 아이들에 견주어) 글을 빨리 읽기 시작한다면, 조금은 들뜬 만족감으로 아이의 장밋빛 미래를 이모저모 그려본다. 반대로 다른 아이들보다 글을 읽는 시기가 더디면, 잿빛 불안감으로 우울해져서 아이를 난독증 테스트라도 받게 해야 하나 조바심을 낸다.

* 《학교란 무엇인가》(중앙북스), p. 102

정작 이런 부모의 조바심과는 정반대로, 글을 일찍 가르치는 일이 과학적으로나 교육적으로 바람직하지 않다고 강조하는 아동발달학계의 주장이 있다. 미국 터프츠 대학교에서 인지신경과학과 아동발달학을 연구하는, 같은 대학교 부설 '독서와 언어 연구센터' 디렉터이기도 한 메리언 울프 교수가 대표적 인물이다. 그는 너무 어린 시기에 글자를 가르치는 일이 대단히 부적절하다고 강조한다. 울프 교수에 따르면, 뇌에는 시각-언어-청각 영역이 통합되는 '각회(角回, angular gyrus) 영역'이 있는데 이 부분이 활성화되어야 비로소 글을 읽을 능력이 갖춰진다. 각회 영역은 만 다섯 살부터 발달하기 시작하기에 그 이전에 글자를 가르치는 것은 아이에게 스트레스를 줄 수 있다. 따라서 아이들에게 독서의 첫 단계는 '듣는 독서'이며, 아이들은 부모가 읽어주는 책을 '들으면서' 독서가 사랑과 연관된 아름다운 일임을 배운다. 이렇듯 어린 시절에 책을 접하는 최고의 방법은 '듣는 독서'라는 게 울프 교수의 설명이다.*

메리언 울프 교수의 대표 저서로《책 읽는 뇌》가 있다. 이 책에서 그는 아이들에게 책을 '읽어주는' 일은 독서 발달과 문해文解 능력 향상을 위한 이상적인 출발점이 된다고 했다. 그는 책 읽어주기를 통해 "문자 언어를 듣는 것과 사랑받는 느낌이 연합됨으로

* 같은 책, p. 98

써 기나긴 학습 과정이 진행될 수 있는 최고의 토대가 마련되기 때문"에 "인지과학자나 교육학 박사라도 그보다 나은 환경은 조성해 줄 수 없다"고 말한다.

> 많은 말을 듣고 자란 아이는 구술 언어에 대한 이해력이 높다. 어른들이 책을 많이 읽어준 아이는 주위 모든 언어에 대해 이해력이 높아지고 어휘력도 훨씬 풍부하게 발달된다.*

자녀교육 상담가가 말하는 책 읽어주기

자녀교육 상담가 요한 크리스토프 아놀드는 "자녀들을 사랑한다면 책을 읽어주라. 아이들과 함께 시간을 보내는 데 이보다 더 좋은 방법은 없다"고 말한다. 잠자리에서 책을 읽어주는 아버지의 목소리를 들으며 성장한 자신의 경험뿐 아니라 풍부한 자녀양육 경험을 바탕으로 그는 다음과 같이 말한다.

> 소설, 전기, 역사, 우화, 성경 이야기… 신중하게 선택하기만 하면 어떤 것이든 아이들의 인격 형성에 좋은 영향을 미칠 것이며, 그 영향은 평생 갈 것이다. 아이에게 책을 읽어주는 일은

* 《책 읽는 뇌》(살림), p. 123

> 아무리 일찍 시작해도 상관없다. 갓난아기까지도 엄마나 아빠의 목소리 듣는 것을 좋아하고, 간단한 동화책의 그림 보는 것도 즐긴다.*

아놀드는 자녀들에게 책을 읽어주는 일이 그들 스스로 책을 읽도록 준비시키는 첫 단계이자 가장 중요한 단계임을 강조하면서, 이는 아이들의 집중하는 힘을 키워 준다고 덧붙인다. 그런데 책 읽어주기에 대한 그의 조언 가운데 내가 공감하면서 가슴에 새긴 말은 이것이다.

> 아이에게 책을 읽어주는 시간은 당신과 자녀 사이의 유대를 깊게 하는 기회인 동시에, 아이들이 평생 간직할 귀중한 것을 심어 주는 시간이기도 하다.**

이는 내가 10년 넘도록 아이들에게 책을 읽어주는 가장 근원적인 동기이자 목적이기도 하다.

얼마 전 신문에서 흥미로운 인터뷰를 읽었다. 독서광인 오바마 전 미국 대통령이 애독하는 작가로 알려진 줌파 라히리를 인터뷰한 기사였다. 데뷔작인 《축복받은 집》(*Interpreter of Maladies*, 마음산

* 《부모가 학교다》, p. 137

** 같은 책, p. 138

책 역간)으로 퓰리처상을 수상한 이 작가에게는 고교생 아들과 중학생 딸이 있는데, 아이들도 책을 좋아하는지 묻는 기자의 질문에 이렇게 대답했다.

"아들이 열한 살 될 때까지 매일 밤 책을 읽어줬다. 남편이랑 나랑 하루씩 교대로. 단 하루도 쉬지 않았다. 이제는 아이들이 크고 나니, 아이들이 우리에게 책을 읽어준다. 내가 요리할 때면, 딸이 책을 읽는다."*

십대 자녀가 부모 곁에서, 부모를 위해 책을 읽어주는 모습을 그려 보라. 작가의 이 말이 내게는 책을 매개로 한 자녀와의 유대가 그만큼 깊고 단단하다는 얘기로 들렸다.

* 《조선일보》 인터넷판, 2017년 6월 29일, "퓰리처상의 미국 작가는 왜 영어를 버렸나"

4

아빠가 읽어주면 좋은 이유

요즘에는 젊은 아빠들이 주말이면 아이들과 공원에 가거나 체험 놀이를 하는 모습을 SNS 상에서 자주 볼 수 있다. 그러나 여전히 많은 아빠들이 엄마 없이 아이들과 따로 보내는 시간을 힘들어한다. 주말에 아내가 잠시 집을 비운 시간, 아이들과 남겨진 아빠가 무얼 하고 있을지 상상하는 건 그리 어려운 일이 아니다. 잠시 아이들과 놀이나 게임, 책읽기 등을 같이 하다 보면 얼마 못 가 한주간의 피로가 온몸을 짓누르기 시작한다. 눈꺼풀의 무게를 감당 못한 그는 스마트폰으로 아이들이 볼 만한 유튜브 영상을 찾아서 틀어 주고는 이내 거실 소파로 무너져 내린다.

이렇게 육아에 지쳐 '언제 클까' 하며 다 자란 옆집 아이들을 부러워하다 보면, 어느새 '언제 컸지' 하며 놀라는 시간이 찾아온다. 문제는 아이들이 부모의 손길을 많이 필요로 하지 않는 독립적인 나이가 되면, 잠시라도 얼굴 보고 얘기라도 나누기가 힘들어진다는 사실이다. 이때가 되면 아빠가 함께 있고 싶어 해도 아이들이 불편해하거나 아빠 못잖게 바빠진다.

낯선 아버지, 어색한 아들

아버지는 다섯 남매를 키우느라 오십 년 세월을 바다 위에서 생활했다. 일찍 돌아가신 할아버지가 남긴 거라곤 방 한 칸도, 땅 한 뼘도 없었다. 교사를 꿈꾸었던 아버지는 일찌감치 생계 전선에 나서야 했다. 아버지의 존재를 인식하게 된 어린 시절부터 내가 대학생이 될 때까지, 아버지가 집에 계시는 날이면 나는 몹시도 낯설고 불편했다. 아버지와 대화라는 걸 나누게 된 건, 이십대 중반 이후 '애써' 노력하면서부터였다. 그 전까지 내가 아버지와 마주 앉아 나눈 대화 비슷한 상황은 주로 학업이나 진로와 관련하여 거의 일방적으로 하달하시는 훈계에 가까웠다.

"공부는 우짜고 있노? 항상 열심히 해야 되는기라."

"니는 딴 생각 하지 말고 법대 아이모(아니면) 육사를 가라. 판검사를 하든지 군인을 해라 이말이다."

십대 시절에 아버지와 나눈 대화로 기억나는 건 이 두 가지가 거의 전부다. 그나마도 아버지가 짧게 한두 마디 말씀하시면, 나는 그저 "네" 하고 외마디로 대답할 따름이었다.

역시 대화라고 하기는 어렵지만, 공부나 진로 외에 아버지가 그 무렵 막내아들에게 유일하게 하신 다른 말씀은 '인생'에 관한 것이었다. 내가 중학생이 되었을 즈음이지 싶다. 폭풍우가 집을 휩쓸어 버릴 듯이 몰아치던 한여름 밤이었다. 아버지가 우산도 없이 장대비를 맞으며 들어오셨다. 몸을 가누기조차 힘들 정도로 술에 취하신 채였다. 한 달 만에 들어오시는 터여서 고등어잡이 배가 잡은 고기를 풀고 기름과 양식을 채우러 귀항했구나 짐작했다. 그러나 대체 어디서 저리도 술을 드셨는지, 그 몸으로 어찌 집까지 오셨는지 도무지 짐작이 가지 않았다.

여느 때와는 달리, 취하신 아버지가 방으로 곧장 들어가시는 대신 마루로 나를 불러내셨다. 그러고도 별 말씀이 없다가 겨우 한마디를 어렵게 떼셨다.

"호야, 니는 우짜든가(어떡하든) 정직하그로 살아라. 알겠나?"

"…"

전혀 예기치 못한 말씀에 나는 아무 대답도 못한 채 꿀 먹은 벙어리처럼 눈만 멀뚱거리며, 대체 앞뒤 없는 이 말씀을 왜 이 폭풍우치는 밤에 하시나 하는 생각으로 앉아 있었다. 아버지는 그 말씀을 하시더니, 아무 말도 못 하고 있는 아들 앞에서 목놓아 우시기 시작했다. 내가 처음 본 아버지의 눈물이었다.

아무튼 이 정도가 십대 시절 아버지와 나눈 대화의 거의 전부다. 대학생이던 이십대 중반 기독교에 귀의한 뒤 처음으로 '아버지의 외로움'에 대해 오래도록 생각했다. 그리고 아버지와 대화다운 대화를 하려고 애써 시도했다. 그때는 아버지도 고등어잡이배 선원을 그만두고 고향 마을의 연근해 어선에서 일하실 때였다. 배는 매일 새벽 동트기 전에 출항하여 정치망에서 고기를 걷어올린 뒤 아침 식경에 귀향했다. 그러니 아버지는 과거와 달리 매일 집에 계셨다.

우선 무조건 한 주에 한 번 이상 집으로 전화를 걸었다. 1994년 즈음이었으니 주로 공중전화를 이용했다.

"아버지, 호얍니다."

"호야가? 너거 어매 바꿔 주께."

"아닙니다. 그냥 아버지한테 전화 드린 겁니다."

"와? 무신 일이고?"

"아닙니다. 그냥 아버지 안부 여쭈려고요. 어디 편찮으신 데는 없습니까?"

"개안타(괜찮다)."

"그럼 다음에 또 전화 드리겠습니다. 건강 조심하시고요."

아버지는 내 전화를 받자마자 곧장 어머니에게 수화기를 넘기시려 했다. 아들과 마주 보는 것도 아닌데, 단둘이 대화를 주고받는 상황이 힘겨우셨을 것이다.

별달리 나눈 얘기는 없었지만, 그게 시작이었고 시작치고는 괜찮았다. 그 뒤로 꾸준히 한 주에 한 번 이상 전화를 드리다 보니, 어느 날부터 아버지는 내 전화를 받자마자 어머니를 찾는 대신 '아들의 안부'부터 물으셨다. "밥은 묵었나?" 아니면 "아픈 데는 없나?" 아들에게 이 짧은 안부의 말을 건네시는 데 몇 달이 걸렸다.

아버지와의 관계에 얽힌 과거사를 조금 길게 늘어놓은 건, 생계를 위해 분주히 일하는 아버지와 자식 간의 대화가 대체로 이렇지 않은가 되묻고 싶어서다. 어머니에 견줘 아버지는 아무래도 자녀와 시간을 많이 보내지 못한다. 자연히 자녀와 정서적인 교감을 나누기 힘들다. 갈수록 자녀와 함께 있는 자리는 낯설고 부담스러워진다. 그리고 자기만의 동굴로 점점 더 물러나 움츠러든다.

이 상황을 자녀 편에서 생각해 보자. 일상의 시공간을 함께할 일이 별로 없는 아버지는 낯선 존재, 함께 있으면 어색한 존재다. 그리하여 집에는 없으면서 용돈만 챙겨 주면 가장 편한 존재다. 정서적 교감은 닫혀 있는데 호통이나 잔소리로 서툰 사랑을 표현하고 존재감을 확인하려는 아버지와 대화를 한다는 것은 자녀로서도 결코 달갑지 않을 것이다.

또 한 사람의 아버지, 일리치

여기 또 다른 아버지가 있다. 생업을 위해 바쁘게 살았고, 일터에서 헌신적이었으며, 그만큼 인정받는 사람이었다. 그렇게 승승장구하여 꽤나 높은 위치에 이른 그가 정작 오랜 직장생활을 회고하는 목소리에는 회의가 짙게 배어 있다.

> 생명력이라곤 전혀 없는 직장생활에 열심히 공을 들이면서, 또 돈 걱정을 하면서 일 년이 가고 이 년이 갔고, 또 그렇게 십

년이 흐르고 이십 년이 흘렀다. 늘 똑같은, 그렇고 그런 삶이었다. 세월이 가면 갈수록 생명력이 사라지는 삶이었다.

법학을 전공한 그는 하위직 공무원으로 사회생활을 시작했다. '인생이란 즐겁고 쉽고 고상해야 한다'는 신조를 가진 그는 생의 초점을 최상층, '품격 있는 1% 인생'에 맞추었다. 빈부나 지위에 구애되지 않고 사람들을 대하는 고상한 태도와 예의, 그리고 배려는 그 목표를 위한 고도의 정치적 선택이었다. 결혼조차 최상층으로 올라서기 위한 디딤돌의 하나였기에, 가정과 아이들에 대한 사랑의 의무와 수고는 '고상한 인생'의 장애물로 여길 정도였다.

혼신을 쏟은 수고가 헛되지 않아 마침내 그는 고위직에 오르게 된다. 드디어 최상류 1%를 눈앞에 둔 것이다. 그런데 그는 몸에서 갑작스런 이상증세를 자각한다. 등에서 시작된 작은 통증은 그가 철저히 목표에 맞춰 통제해 온 인생과 달리 그의 통제권 바깥에서 조금씩 그의 육신과 심지어 정신까지 점령해 간다. 온갖 물리적 수단을 동원해 보지만, 통증은 그를 비웃듯 불치의 상태로 치달아 마침내 스스로 죽음을 직감하기에 이른다.

턱밑까지 쫓아온 죽음 앞에서야 비로소 '내가 잘못 산 건 아닐까' 하는 한 줄기의 의심이, 그의 고고하고 견고하던 인생의 성채에 균열을 낸다. 그때 비로소 그는 자기 삶을 성찰의 눈으로 돌아보기 시작한다.

난, 내가 조금씩 조금씩 산을 내려오는 것도 모르고 산 정상을 향해 나아간다고 믿고 있었던 거야. 정말 그랬어. 세상 사람들이 보기엔 산을 오르는 것이었지만, 실은 정확히 그만큼씩 내 발밑에서 진짜 삶은 멀어져 가고 있었던 거지….

자신이 잘못 살아왔음을 처음으로 깨달은 그는 마지막으로 '옳은 일'을 해야겠다고 결심한다. 지금까지 살아오면서 상처 준 사람들, 곧 아내와 아이들에게 용서를 구하는 일이었다. 임종을 앞두고 가쁜 숨을 쉬며 "용서해 줘"라고 해야 할 말을 "용기 내 줘"라는 엉뚱한 말로 해 버렸지만, 그 말 한마디엔 육체의 고통과 죽음의 공포에서 그를 구원하는 힘이 있었다.

자기중심적인 목표에만 초점을 맞춘 채 가족마저도 그 목표를 위한 부속물과 장식품으로 여긴 이 인생 이야기는, 바로 톨스토이의 《이반 일리치의 죽음》에 나오는 내용이다. 18세기 제정 러시아 시대 인물의 이야기를 읽으면서, 예나 지금이나 사람 사는 일이 그리 다르지 않구나 하는 생각을 했다. 저 18세기 인물이 남긴 고백이 어쩌면 이렇게도 동시대적으로 다가오는지, 오늘날 우리 사회의 어느 아버지가 남기는 고백처럼 들린다.

오늘 당장 가능한 사랑의 행동

생계를 위해 바쁜 하루하루를 보내는 아버지든, 자기 목표에 사로잡혀 '경주마의 시야'에 갇힌 아버지든, 자녀와 관계가 멀어지기를 바라는 이가 있을까. 더 늦기 전에, 아이들이 아빠와 함께하는 자리를 불편해하거나 슬금슬금 피하기 전에, 오늘부터 당장 '옳은 일' 하나를 시작해 보면 어떨까. 바쁘다는 이유로 하지 못한, 목표를 향해 달리느라 못다 한 작은 사랑을 표현하는 일 말이다. 그런 점에서 책 읽어주기는 '아빠는 늘 네 곁에 있어. 아빠는 널 사랑한다'라는 메시지를 담은, 작지만 강력한 사랑의 고백이자 행동이다.

요즘 유행한다는 '좋은 아빠 테스트' 항목에, "아이와 둘이 외출할 수 있다" "엄마가 없어도 아이가 어색해하지 않는다" 등이 괜히 포함되어 있는 게 아니다. 책 읽어주기는 자녀와 정서적 교감을 만들어 가는 가장 검증된 통로 중 하나다. 특히 말수가 적고 아이들과 남겨지면 머릿속이 하얘지는 아빠라면, 잠자리 책 읽어주기보다 더 좋은 건 없다. 무슨 말을 할지, 어떤 말부터 시작해야 할지 고민할 필요가 전혀 없기 때문이다. 그저 좋은 책을 한 권 들고 아이들 방으로 들어간다. 아이들이 살짝 당황한 낯빛에 '울 아빠가 웬일?' 하는 눈빛으로 바라보면, 슬쩍 겸연쩍은 표정으로 "아빠가 어렸을 때 재미있게 읽은 책인데 읽어줄까?" 묻기만 하면 된다. 그 다음엔 그냥 책만 읽어주고 나오면 된다. 그렇게 꾸준히 하다 보면, 그렇게 잠자리에 들기 전 아이들과 함께하는 스킨십이 쌓이다 보면, 어느새 아이들이 아빠와 함께하는 그 시간을 기대하며 기다리게 될 것이다.

엄마 목소리, 아빠 목소리

앞에서 소개한 책《학교란 무엇인가》를 다시 펼쳐본다. 2부 "아이의 생각을 여는 책읽기의 힘"에는 '책읽기가 뇌 발달은 물론 인지와 정서에 지대한 영향을 미치고, 나아가 학습의 밑바탕이 된다'는 요지의 내용이 나온다. 이제는 상식처럼 받아들여지는 내용이라 특별할 게 없다. 다만 책에 나오는 주장을 액면 그대로만 놓고 보자면, 아이들에게 책을 읽어주는 주체를 '엄마'로 한정해서 논지를 펴 나간다는 점이 좀 의아했다.

> 아이 혼자 책을 읽는 것보다 엄마가 책을 읽어주고, 책을 읽으면서 대화를 나누는 것이 아이의 총체적인 언어 능력은 물론 두뇌 발달까지 가능하게 하는 최고의 방법이다(p.100).
>
> 엄마가 책을 읽어주는 것은 대뇌 변연계의 발달과도 밀접한 관계가…(p.100).

> 궁극적으로 책 읽어주기는 엄마와의 긍정적인 애착 관계, 정서 지능에도 반드시 필요한 것이다(p.101).

물론 본문을 '엄마' 대신 '아빠' 혹은 '부모'로 바꾸어 읽어도 별 문제 없을 것이다. 그렇더라도 아쉬움은 남는다. 행여 책 읽어주기를 엄마만의 중요한 역할로 잘못 알게 될까봐 하는 말이다.

책 읽어주기는 엄마의 전유물이 아니다. 이 일은 엄마보다는 오히려 아빠가 더 제격이라는 게 내 생각이다. 무엇보다 밤에는 더욱 그렇다.

널리 알려진 대로, 여자 목소리는 남자에 비해 고음역대에 속하며 목소리 파장이 짧다. 이에 비해 남자의 목소리는 상대적으로 중저음에 속하며 목소리 파장이 긴 편이다. 여자의 목소리 파장은 0.5미터인데 남자는 3.5미터이다.

텔레비전 뉴스에서 '아빠의 태담태교'에 관한 보도를 본 적 있다. 고음 목소리는 양수로 채워져 있는 자궁 내에서는 잘 전달되지 않는 반면, 중저음 목소리가 태아에게 더 잘 전달되므로 아빠들에게 태담태교를 적극 권유하는 내용이었다. 그런데 태아에게만 그럴까?

밤에 더 빛나는 아빠 목소리

잠자리에서 책 읽어주기는 특히 아빠의 목소리가 빛을 발하는 일이다. 아이들이 잠을 청하는 시간에는 아빠의 중저음이 아이들의 청신경을 좀더 편안하게 해준다. 실제로 우리 아이들도 잠들기 전 아빠가 읽어주는 목소리를 더 편안하고 아늑하게 받아들였다.

인터넷 백과사전 〈위키피디아〉에서 'human voice'(목소리)를 입력했디니*, 성인 남성은 낮은 음조의 목소리에 넓은 성대를 지녔다고 나온다. 특히 성대 주름vocal fold의 길이가 남자는 17-25밀리미터인 반면 여자는 12.5-17.5밀리미터로, 이는 남녀의 목소리 높낮이가 다르다는 걸 의미한다. 기네스북에 따르면, 세계에서 가장 높은 음역대를 지닌 사람은 브라질 가수인 조지아 브라운Georgia Brown으로 무려 8옥타브(G2에서 G10)를 넘나든다고 한다.**

그런 점에서 낮 동안에는 졸음을 쫓아내는 엄마의 목소리가 책 읽어주기에 좀 더 유리하다면, 하루의 모든 수고와 피로마저 씻어 내는 잠자리에서는 아무래도 아빠의 저음이 훨씬 더 편안한 잠자리를 만들어 주지 않을까 싶다.

우리 집의 경우는 낮 동안에는 주로 아내가 아이들에게 책을 읽어주었다. 아내가 읽어준 책은 나와는 비교할 수 없을 정도로

* https://en.wikipedia.org/wiki/Human_voice

** https://en.wikipedia.org/wiki/Vocal_range

많다. 그런데 내가 퇴근하면 아이들은 엄마와 많이 놀았는데도 낮 동안 보지 못한 아빠에게 들러붙곤 했다.

아이들은 종일 엄마와 책을 읽었어도 아빠 목소리로 듣는 책 속 이야기는 또 다르게 받아들였다. 아빠의 목소리 톤, 읽는 방식이 엄마와 다를 수밖에 없었는데, 나는 약간 느리게 읽으면서 아이들에게 낯설겠다 싶은 표현은 그때그때 풀이를 해주며 읽었다.

대체불가한 지복의 시간

책 읽어주기는 아이들과의 대화에 능숙한 아빠든, 무뚝뚝하고 대화에 서툰 아빠든 관계없이 할 수 있는 가장 쉬운 실천이다. 과묵한 아빠라면 책읽기가 아이들과 대화를 트는 좋은 수단이 될 수 있다. 자신의 성장기에 재미있게 읽은 동화나 문학작품이 있다면, 그 책을 소개하면서 읽어 보자. 아이들이 아빠를 바라보는 눈이 달라질 것이다.

어릴 적 딸아이는 잠들기 전에 불 끄는 걸 몹시 싫어했다. 중학생이 되기 전까지 그랬다. 초등학교 4학년 무렵이던가, 천안함 침몰 사건에 북한의 연평도 포격 사건이 이어졌다. 딸아이는 전쟁 공포에 크게 사로잡혔다. 혼자 잠들기를 무서워할 정도였다. 틈날 때마다 "아빠, 이제 전쟁 나는 거예요?" 물었고, 그때마다 아이의 이야기를 들어 주며 마음을 가라앉히도록 상황을 차분히 설명해

주곤 했다. 그리고 잠들 무렵에는 책을 읽어준 다음 이 땅의 평화와 아이들의 내적 평안을 위해 기도를 올렸다. 그러면 아이는 편안해진 얼굴로 잠들었다.

이렇듯 아이들이 하루를 마치고 편안히 잠드는 모습을 지켜보는 건 내겐 크나큰 복이었다. 이 지복至福을, 이 복된 역할을 누구에게도 빼앗기고 싶지 않았다. 그래서 오늘 하루도 책을 읽어주고는 아이들이 편안히 누운 모습을 바라보며 하루를 떠나보내는 인사를 나눈다.

"잘 자라, 다람쥐!"

5

잠자리 책읽기가 안겨준 행복

이 우정이 어디서 왔을까?

불판 더위가 연일 이어지던 2015년 8월 중순, 짧은 가족 여행을 떠났다. 그해 여름은 아내가 휴가를 내기가 여의치 않아서, 아이들 방학에 맞춰 떠나던 여행을 접을 생각을 하고 있었다. 그랬더니 딸아이가 아쉬운 소리를 해 댔다.

"우리 이번 여름에는 가족 여행 안 가요? 네?"

"글쎄…."

"에이, 그러면 안 되지~. 갔다 와요, 네?"

"짧게라도 가까운 데 다녀올까 생각하고는 있는데…."

"오케이! 그럼 무조건 가는 거예요. 언제 갈 건데요?"

생각이야 하고 있었지만, 여러 사정상 이번 여름은 쉽지 않겠다며 반 포기 상태였는데 큰아이의 성화에 접었던 여행 계획을 다시 펼쳤다. 네 식구가 함께 1박 2일이라도 보내고 오지 않으면 두고두고 아쉬움이 남겠다는 마음은 모두 같았다.

여느 때와 같이 우리는 바닷가로 여행을 떠났다. 목적지는 인천공항 근처 삼목 선착장에서 배를 타고 10여 분 가면 닿는 작은 섬 신도信島였다. 당연히 낚시 도구를 챙겨 갔다. 우리 집 가족 여행에서 낚시는 빼놓을 수 없는 프로그램이다. 아이들과 따로 낚시를 다녀온 적도 여러 번이고, 둘째아이와 단둘이서 당일치기로 다니기도 했더랬다.

이번 여행에서는 아내와 큰아이는 숙소에 남고, 아들하고 둘이 밤낚시를 나갔다. 바닷가를 오가는 차 안에서, 그리고 선착장에서 낚싯대를 드리우고 입질을 기다리며 둘이 이런저런 이야기를 나누었다. 당장 어떤 어종을 몇 마리 낚을지 조과釣果에 대한 기대치를 비롯하여, 바닷가의 밤 풍경과 숙소와 여행지에 관한 이야기, 아들이 8월 초에 다녀온 중국 대련 시 초청 태권도 시범 이야기, 우리 가족 이야기 등 흘러가는 대로 수다를 풀어냈다.

세 시간의 낚시를 마치고 숙소로 돌아가는 새벽녘, 돌아오는 차 안에서 아들과 남은 이야기를 나누며 나는 흡족한 행복감에 젖어들었다. 서로 긴밀하고 단단하게 연결된 관계에서 느끼는 가슴 뻐근한 기쁨 속에서 나는 자문했다.

'이 따스한 유대감은 대체 어디에서 왔을까?'

그 유대감은 일종의 우정 같은 느낌으로 다가왔다. '아들과의 우정'이라…. 아주 틀린 말도 아니었다. 우리말 표준국어대사전에서 '친구'를 찾아보면, "가깝게 오래 사귄 사람"이라는 뜻풀이가 맨 위에 올라와 있다. 두 아이와 15년이 넘도록 가까이서 오래 사귀어 왔으니 친구라 할 만하지 않은가. 그러니 우리 사이에 흐르는 이 유대감을 우정이라 한들 틀리진 않으리라. 우정에 대해 영국 작가 C. S. 루이스는 말했다.

> 연인들은 대개 얼굴을 마주 보며 서로에게 빠져 있는 반면, 친구들은 나란히 앉아 공통된 관심사에 빠져 있습니다.*

나란히 앉아 오랜 시간 함께 수다를 떠는 우리가 '친구' 아니면 무엇일까. 그리고 우정이 인간의 삶에 직접적인 도움을 주지는 않지만 삶 자체를 가치 있게 만드는 요소 중 하나라고 한 루이스의 말은 전적으로 옳다. 나와 아이들 사이의 우정도 우리의 삶과 살아 있음 자체를 가치 있게 만들어 주기 때문이다.

늦게 귀가한 어느 날 딸아이와 한두 마디로 시작한 대화가 자정을 지나 새벽 세 시를 넘겨도 끝날 줄을 모를 때, 주말 오후 공원에서 아들과 캐치볼을 하다가 시원한 음료수를 들고 땀을 식히며 이런저런 잡담을 나눌 때, 여름날 여행지에서 밤낚시를 하며 편안한 대화를 나눌 때, 그렇게 "오랜 세월 동안 익어 온 애정이 우리를 감싸는 그런 시간"보다 삶에서 더 좋은 선물이 있을까!**

* 《네 가지 사랑》(홍성사), p. 111

** 같은 책, p. 127

아이들과 지금의 우정에 이르기까지 여러 이유들이 있었겠지만, 아무리 생각해 봐도 결정적인 요인은 잠자리 책읽기 시간으로 귀결된다. 매일 밤 책을 읽어주면서 진지한 대화를 나누기도 하고, 수다를 떨기도 하고, 웃음보가 터지기도 하던… 그 숱한 순간들이 쌓여 오늘의 우정으로 이어진 것이다.

'사랑의 수고'가 일으키는 웃음 폭풍

영국 속담에 "읽지 않는 책은 장작개비와 다를 바 없다"는 말이 있다. "책은 가장 돈이 적게 드는 인테리어 소품이다"라는 말도 있다. 그런데 이런 장작과 장식품을 큰돈을 주고 세트로 사들이는 집들이 많다. 어린이용 유명 전집 얘기다. 부모들은 큰마음 먹고 자녀를 위해 비싼 전집을 구입하는데, 사실상 부모 역할은 전집 구입 이후부터 본격적으로 시작이라는 걸 자주 잊어버린다. 아이들은 처음에는 새 것에 환호하여 관심을 보이지만, 그 관심은 오래 가지 않아 사그라진다. 그리고 부모와 아이는 그 새로운 '인테리어 소품'을 두고 "저게 얼마짜린 줄 아냐? 제발 좀 읽어" "싫어. 재미없단 말이야" 하며 실랑이를 벌일지도 모른다.

목돈을 들여 책을 사 주는 헌신보다 중요한 건 시간을 들여 그 책을 읽어주는 수고다. 아이들은 부모가 자기 곁에 있기를 바랄 뿐더러, 애정이 담긴 목소리로 책을 읽어주는 것을 더할 나위 없이 좋아하기 때문이다. 그러다 때가 되면 스스로 책을 펼쳐 들고 읽는다. 물론 그 때가 와도 여전히 부모가 책을 읽어주는 것을 반기지만, 혼자 책읽기를 즐길 줄도 알게 되는 것이다.

책을 읽어주다 보면 어떤 날은 더 이상 못 읽을 정도로 방바닥을 구르며 배꼽을 잡고 웃음보를 터뜨리는 날도 있다. 대부분은 아빠가 잘못 읽거나 발음을 실수할 때 일어나는 일이다. 책을 읽어줄 때 혀가 꼬이거나 발음이 엉키는 일이 자연스레 생긴다. 아이들은 그 순간을 결코 놓치지 않는다. 일단 한바탕 배꼽을 잡고 웃고 나서, 한 아이가 아빠의 꼬인 발음을 그대로 흉내 내면 다시 두 번째 웃음 폭풍이 휘몰아친다. 그러면 옆방에서 쉬고 있던 아내가 궁금증을 못 참고 달려와서 물어본다.

"뭐가 그렇게 재밌어? 무슨 일이야?"

아이들이 아빠의 실수를 낄낄거리면서 말해 주면 엄마와 함께 온 가족이 다시 한 번 웃음보를 터뜨린다. 웃음이 겨우 가라앉을 즈음, 이번엔 아빠가 자진해서 꼬인 발음을 한 번 더 재연하면 다시 웃음의 쓰나미가 몰려와서 방 안이 뒤집어진다.

집에서 이렇게 웃음보 터지는 상황을 일부러 만들기는 어렵다. 그런데 책을 읽어주면서 종종 경험하는 이런 예기치 않은 순간은 오래도록 포만감을 안겨주었다.

자연스레 찾아온 대화의 즐거움

함께 책을 읽는 시간에 아이들과 숱한 대화를 주고받았다. 돌이켜 보면 그 대화는 아이들과 아빠를 연결해 주는 작지만 견고한 징검다리가 되어 주었고, 친밀한 우정의 밑거름이 되었다. 그런데 아이들과의 대화를 미리 준비하거나 애써 시도한 적은 없다. 애당초 그럴 필요가 없었다. 책을 읽어주다 보면 질문은 주로 아이들에게서 나왔고, 그때마다 내 생각이나 경험, 아는 바를 들려주었을 따름이다.

언젠가 성서를 읽어줄 때였다. 대개 이야기책을 읽기 전 성서 한두 단락을 먼저 읽어주는데, 본문 단위로는 10절 안팎이고 읽는 데 3분쯤 걸린다. 그날도 성서를 다 읽고 나서, 이야기책을 읽을 차례였다. 그때 갑자기 둘째가 물었다.

"아빠, 그냥 갑자기 생각난 건데요. 가롯 유다가 예수님을 돈 받고 팔았잖아요. 옛날에는 그냥 나쁜 사람이라고만 생각했는데, 요즘에는 불쌍하다는 생각이 들어요."

"그래? 왜 그렇게 생각하는데?"

"누군가는 돈을 받고 예수님을 팔아넘기는 악역을 했을 거 아녜요. 그런데 굳이 가롯 유다가 그 일에 이용당했다는 생각이 들었거든요."

"아, 그래? 그거 흥미로운 생각이네. 듣고 보니 그렇게 생각할 수도 있겠네. 가롯 유다가 결국 자살로 최후를 맞았으니까 불쌍하게 생각할 수 있을 거 같아. 음, 그런데 아빠는 이렇게 생각해. 돈을 받고 예수님을 넘기라는 제안을 받았을 때, 가롯 유다에게는 돈을 받고 팔아넘길지, 아니면 그 일을 거부할지 스스로 선택할 자유가 있지 않았을까? 그리고 가롯 유다나 아니면 다른 누군가가 그런 역할을 하지 않았다면 과연 예수님이 십자가에서 돌아가시지 않았을까?"

대화는 몇 분간 더 이어졌다. 아이에게 내 생각을 좀 더 들려주었고, 둘째는 조용히 집중해서 고개를 끄덕이기도 하고, "그건 그렇네요" 하고 동의하기도 했다.

아이들의 질문은 책 내용에만 국한되지 않는다. 평소 궁금해하던 게 떠오르면 갑자기 묻기도 한다. 이 시간엔 모든 질문이 가능하고 모든 대화가 자유롭다. 함께하는 시간 그 자체로 소중하고 거기에 집중하기에 그렇다. 대화나 토론을 염두에 두고 책을 읽어주었다면, 내게 잠자리 낭독은 또 다른 업무요 스트레스가 되었을 것이다.

어떤 날에는 하루 전이나 훨씬 전에 읽어준 내용을 떠올리고는 아이들이 제 나름의 추리나 논증을 펴기도 한다. 그 날 밤에 읽어주는 대목을 듣다가, 예전에 읽었던 주인공의 행동이나 어떤 사건의 이면에 숨은 진실을 깨닫고 놀라움과 전율에 한동안 떠들어 대는 것이다.

쥘 베른이 쓰고 레옹 브네가 그린《15소년 표류기》를 읽을 때였다. 망망대해의 한 섬에 표류한 아이들이 동굴을 발견하는 대목이 었는데, 그 동굴에 글귀가 남겨져 있었다. 꽤 긴장감이 도는 이 대목을 읽고 있는데 아이들이 갑자기 잠자리에서 벌떡 일어났다.

"헐… 아빠, 그럼 동굴 속의 이 글을 누가 썼다는 거예요? 글을 쓴 사람이 아직 살아 있다는 얘기잖아요."

"아빠, 근데요. 그렇게 되면 말이 안 되지 않아요? 지금 이 동굴의 글에 나오는 내용을 보면 시간적으로 안 맞는 거 아니에요? 뭔가 더 있을 것 같은데…."

희미한 실마리를 통해 서서히 드러나기 시작한 진실의 조각들을 꿰어 맞춰 가는 전율감에 흥분해서 떠들어 대는 큰아이, 뭔가 숨은 이야기가 더 있을 것 같다며 골똘히 생각에 잠기는 둘째아이, 그 둘을 지켜보는 나…. 이처럼 흥미로운 장면이 자연스레 연출되기도 한다.

책을 읽다가 진지한 토론이 시작된다면 굳이 막을 이유는 없다. 그대로 즐기면 될 일이다. 다만, 책읽기의 교육적 효과를 위해 애초부터 토론을 준비할 필요는 없다는 게 내 생각이다.

중요한 건, 책을 매개로 삼아 아이들과 함께 보내는 그 시간을 온전히 향유하는 데 있다. 부차적이고 지엽적인 요소들이 본질을 대체해선 안 된다. 마음을 쏟아 '아이들과 함께하는' 시간 그 자체가 본질이다. 대화와 유대감은 그 시간이 주는 선물이요 은총이다.

6

어느새 10년

정말 몰랐다. 잠자리 책읽기를 10년도 넘게 하게 될 줄은. 애당초 '최소 5년은 해 보자' 같은 계획을 품고 시작한 일이 아니었다. 잠들기 전 짧게라도 아이들과 같이 시간을 보냈다며 자기 위안을 삼고자 했을 따름이었다. 그 일이 올해로 12년째 이어지고 있다.

의무는 어떻게 행복이 되었나

이렇게 꾸준히 잠자리에서 책을 읽어줄 수 있었던 원동력은 무엇일까? 근사하고 그럴싸한 비결이 있으면 좋으련만, 딱히 내세울 만한 건 없다. 곰곰 되짚어 보니, 가장 큰 이유는 '내가 좋아서'다.

당연히, 처음부터 좋아서 한 건 아니었다. '이거라도 하지 않으면 안 되겠다' 싶어 의무감으로 시작한 일이었다. 그런데 하루이틀 계속 해 나가다 보니 의무감이 점차 일상의 즐거움으로, 행복감으로 바뀌어 갔다. 어떻게 그럴 수 있었을까? 의무란 강제성을 띠기 마련인데, 그게 어떻게 행복으로 바뀔 수 있었을까?

시작 단계에서는 '이 정도는 아빠로서 마땅히 해야지' 하는 마음가짐이 도움이 되었다. 피곤해서 건너뛰고 싶은 날에도 '이 정도는 해야지' 하는 생각에 마음을 다잡았다. 그렇게 하다 보니, 얼마 안 가 그 시간이 내게 안식을 가져다준다는 사실을 깨닫기 시작했다. 피곤한 하루를 아이들 곁에서 오롯이 집중하며 마무리하노라면 어느새 행복감이 나를 사로잡았다. 그때부터였다. 아이들보다 내가 더 절실히 그 시간을 바라고 기대하게 된 건.

하지 말라고, 더 이상 잠자리 책읽기를 해선 안 된다고 누가 말렸다면, 나는 죽기 살기로 적의를 품고 싸웠으리라. 왜냐하면 그것이 내게는 고단한 하루를 평화로이 마무리하는 일종의 성스런 의식 같은 시간이 되었기 때문이다.

책을 읽다가 느닷없는 웃음이 터지거나, 예기치 않은 대화가 이어지거나, 귀 기울여 듣다 어느새 새근새근 잠든 얼굴을 바라보는 그 순간들을 세상 무엇과 바꿀 수 있을까. 지금껏 아이들과 함께해 온 잠자리 책읽기는 나를 정화하는 매일의 성수聖水요 성례聖禮였다. 그렇게 나는 나의 미성숙과 서툰 사랑을 그 짧은 성례를 통해 날마다 속죄받은 것인지도 모르겠다. 그 시간에 나는 아이들의 존재 그 자체에 집중했고, 부모로서 바른 권위를 행할 기초를 다질 수 있었다.

여행을 갈 때도 책을 챙겨 가고, 몸이 좋지 않을 때도 굳이 책을 펴들고, 긴 출장길에는 그 기간만큼 날마다 들을 수 있게 아이들 몰래 녹음까지 한 것도 어쩌면 모두 나 자신을 위한 일이었다. 그토록 충만한 행복의 시간을 놓치고 싶지 않아서였다. 그러니 1년 아니라 10년이 대수일까.

책을 읽어주기 힘든 날도, 읽어주기 싫은 날도, 읽어주지 못한 날도 있었다. 그래도 멈추지 않았다. 밤은 날마다 찾아왔고, 오늘 밤은 어젯밤과는 달라서 아이들도, 나도 새로운 마음으로 잠자리 낭독을 기다렸다. 알지 못하는 사이 우리는 '밤의 낭독 공동체'가 되어 있었고, 간혹 빠지는 날도 있겠지만 책 읽는 밤은 계속 되리라는 생각을 자연스럽게 공유하게 되었다.

모든 시작은 끝이 있다?

어느덧 큰아이는 20대를 눈앞에 두고 있다. 1년 전부터 우리 낭독 공동체 멤버는 두 명으로 줄었다. 어쩌면 몇 년 안에 자연스런 해체의 순간을 맞이할지도 모르겠다.

큰아이가 중1이던 때였다. 여느 날과 다를 바 없이 책을 읽어주던 밤이었다. 낭독을 시작하기 전에 갑자기 물었다.

"아빠, 우리 책 언제까지 읽어주실 거예요?"

전혀 생각해 보지 않았던 기습 질문이었기에 대답이 시원찮게 나갔다.

"글쎄… 음… 뭐, 너희들이 원할 때까지?"

"그럼, 우리가 결혼하기 전까지 읽어주실 거예요?"

"원한다면야 얼마든지 읽어줄 수 있지, 아빠는. 근데 너희가 그때까지 읽어달라고 하겠냐?"

그 날 이후 더러 '내가 언제까지 책을 읽어줄 수 있을까' 자문하곤 했더랬다. 아이들의 필요와 요구는, 십대 이전과 이후는 물론이고 십대 초반과 후반도 비교할 수 없이 달랐다.

'결혼할 때까지 읽어줄 거냐'고 물었던 큰아이는 열여덟 살이 되자, 당분간 잠자리 책읽기는 자기는 빼고 동생에게만 해 달라고 했다. 겉으로 표현은 하지 않았지만, 나는 적잖이 서운하고 아쉬웠다.

"왜? 무슨 이유가 있니?"

"아뇨. 특별한 이유가 있는 건 아니고요. 그냥 지금 읽는 책이 그다지 재미가 없어서요."

그 책은 이미 절반 넘게 읽은 시점이었고, 둘째는 재미있게 듣고 있는 터라 갑자기 다른 책으로 바꾸기도 뭣했다.

"그래? 그럼 너희들 각각 다른 책으로 읽어줄까?"

혹여나 해서 물으니, 다른 여지가 없다는 대답이 돌아왔다.

"그냥 저는 좀 쉴게요. 유겸이한테 계속 읽어주세요."

아무래도 책이 문제라기보다는 때가 문제인 듯싶었다. 큰아이는 이제 함께하는 시간보다는 혼자만의 시간이 더 필요한 나이가 된 것이다. 잠들기 전 친구와 전화로 수다도 떨어야 할 거고, 아무에게도 방해받지 않는 시간도 필요할 것이다. 아이가 그만큼 자랐다는 의미일 테니 자연스럽게 받아들여야겠구나 싶었다. 저 나름의 홀로서기를, 독립된 인생을 준비하는 시기로 접어드는 모습을 감사하게 여겨야지 생각했다. 그러나 이해가 된다고 해서 섭섭함이 쉽게 사라지는 건 아니었다. 이젠 둥지를 벗어날 준비를 하는구나, 하는 마음에.

10년 넘게 이어 온 잠자리 낭독회에서 큰아이를 먼저 졸업시켰던 일은 생각보다 더 섭섭한 일이었음을, 글을 쓰며 새삼 깨닫는다. 녀석이 결혼하기 전까지 읽어주려던 마음이 정말 있었던 모양이다.

이제 중학교를 졸업한 둘째도 그 시기로 성큼성큼 다가서는 중이다. 요즘은 자정이 가까워서야 잠자리에 눕는 날이 늘어났다. 그래도 아직까지는 하루 일과를 마무리하면 책 읽어달라는 신호를 보낸다.

"아빠, 준비됐어요."

나는 반가운 마음에 냉큼 아들 방으로 달려간다. 그러나 머지않은 어느 날 "준비됐어요" 대신 "이제 좀 쉴게요"라는 말을 듣게 될지 모른다. 그 때가 분명 올 테고, 그건 녀석이 그만큼 자랐다는 자연스런 신호이리라.

그 날이 오면, 나는 아내의 머리맡에서 책을 읽어줘야 하려나.

<마당을 나온 암탉>
황선미 지음, 사계절, 2002-04-15

<누구야 누구>
심조원 지음, 보리, 2011-09-01

<우산 타고 날아온 메리 포핀스>
파멜라 린든 트래버스 지음, 시공주니어, 2003-08-10

2. 잠자리 책읽기, 어떻게 할까?

<태일이 1>
박태옥 지음, 돌베개, 2007-11-05

1

시작이 반: 4단계로 습관 들이기

남다르고 뛰어난 아빠들만 아이들에게 책을 꾸준히 읽어줄 수 있디고 생각지 않는다. 우리말에 '보배운다'는 표현이 있다. 가까이에서 보면서 배운다는 뜻이다. 아버지 노릇이야말로 보배워야 하는 중요한 인생 수업 중 하나일 텐데, 앞에서 말했듯 아버지는 내 성장기 동안 거의 곁에 안 계셨다. 그렇다고 '좋은 아빠 강의' 같은 것을 수강한 적도 없다. 그저 한 걸음씩 아빠로서 할 일을 찾아서 시작했고, 그로써 12년째 일상적으로 해오는 일이 생겼다.

책 읽어주기 4단계: 걸음마에서 순항까지

아이들과 잠자리 책읽기를 시작할 때는 아기가 걸음마를 떼듯 한 걸음 한 걸음 여유를 가지고 해야 한다. 처음부터 열정으로 밀어붙여 금세 승부를 보겠다고 하다간 얼마 못 가서 중단하게 될지 모른다. 천천히, 조금씩 하더라도 중단하지 않고 계속 해 나가는 게 훨씬 더 효과적이다.

비행기가 이륙하려면 긴 활주로가 필요하다. 평소 잘 하지 않던 일을 습관으로 들이는 일도 이와 같다. 시작 단계에서 바로 날아오르는 것이 아니라 조금씩 달리면서 비상을 위한 가속 거리와 시간을 충분히 확보해야 한다. 이를 바탕으로 '잠자리 낭독 4단계'를 제안하고자 한다. 4단계를 기계적으로 적용하기보다는 각자 상황에 따라 단계를 뛰어넘어도 좋고, 특정 단계가 자신의 상황에서 최선이라면 그 단계에서 지속해 나가도 좋겠다. 중요한 건 중단 없이 꾸준히 실행하는 일이다.

1단계는 '걸음마' 단계다. 일주일에 한두 번 짬을 내서 책을 읽어주면 되는 수준이다. 한 주에 한 번도 여의치 않다면, 두 주에 한 번도 괜찮다. 규칙적으로, 꾸준히 하면 된다. 아무래도 출근하지 않는 주말이 쉬울 것이다. 어떤 책을 고를지 너무 고민할 필요도 없다. 아이들에게 읽고 싶은 책을 골라 오라고 하면 그만이다. 그렇게 한 주에 한두 차례 낮밤 구분 없이 짬을 내는 이 걸음마 단계는 어떤 아빠라도 다 할 수 있다. 나도 큰아이가 일곱 살, 둘째 아이가 네 살 때까지 이렇게 유지하는 정도였다.

2단계는 '달리기'다. 걸음마 단계를 몇 달간 잘 해 왔다면, 그리 어렵지 않게 달리기 단계로 들어갈 수 있다. 이 단계에서는 낮 시간이나 저녁에 하던 책 읽어주기는 그대로 해 나가되 휴일과 주말 밤 아이들이 '잠들 무렵' 책 읽어주기를 추가한다. 주말 동안 이틀 연속으로 해 보면 더 좋겠다. 이 단계에서는 좀 두꺼운 책을 한 권 정하는 게 필요하다. 내 경우, 어린이를 위한 그림 성서나 전래동화 모음집으로 시작했는데 한 번에 한 편씩 읽어주기에 좋았다. 예를 들어, 독일 전래동화를 담은《그림 형제가 들려주는 독일 옛이야기》는 〈개구리 왕자〉 〈라푼젤〉 〈룸펠슈틸츠헨〉 〈백설공주〉 등 모두 여덟 편의 이야기로 구성되어 있다. 컬러 삽화를 보여주면서 한 편 한 편 읽어주다 보면, 이미 널리 알려진 이야기임에도 새로운 대목들이 새록새록 나와서 아빠도 재미있게 읽을 수 있다.

3단계는 '이륙'이다. 이 단계에서는 잠자리에서 책 읽어주는 일을 주중 평일에 1-2회 이상 늘린다. 아빠의 잠자리 낭독이 주말과 휴일 밤뿐 아니라 평일 밤에도 시작되면, 아이들은 열렬히 환영한다. 아이들은 이를 커다란 '공짜 선물'로 여긴다.

마지막은 '순항' 단계다. 이륙 단계까지 안정적으로 도달했다면, 이제 주중 3-5회까지 횟수를 늘려 주말 포함 한 주에 5회 이상 잠자리 책읽기를 하며 꾸준히 '순항'해 나간다. 이 단계에 이르기까지 시간이 얼마나 걸릴지는 사람마다 사정이 다르기에 모범답안이 없다. 또한 꼭 순항 단계까지 가야 한다고 단정할 수도 없다. 어느 단계든 아빠가 잠자리 낭독이 주는 즐거움과 행복감을 느끼고, 아이들 또한 그렇다면 그로써 충분하다. 아빠나 아이들 어느 한 편이라도 부담을 느낀다면, 비록 최고 단계일망정 별 유익이 없을 것이다. 그럼에도 이왕 책을 읽어주기로 작정했다면, 최소한 '달리기' 단계까지는 도달하면 좋겠다. 그리하여 주말 이벤트를 하듯 아이들에게 읽고 싶은 책을 한 아름씩 선택하게 한 다음, 마음먹고 여유롭게 읽어준다면 온 가족의 행복지수가 높아질 것이다.

노파심에서 한 가지 덧붙이자면, 단계별로 읽어주는 책이 달라야 하는 건 아니다. 책은 아이들의 성장기에 따라 바뀌게 마련이다. 내가 우리 아이들의 성장기에 따라 읽어준 책은 3부에서 따로 정리해 소개했다. 아울러 시기별로 읽어줄 만한 책, 이른바 나의 주관적인 추천 도서 목록도 덧붙였다.

설거지와 책 읽어주기: 습관에 관하여

좋은 습관은 본성을 거스르는 반복을 통해 형성된다. 내 경험상, 사랑은 인간 본성을 거스르는 행동이다. 허기질 때 끼니를 찾아 먹는 건 본성이지만, 그 끼니를 준비하는 건 본성을 거스르는 수고로운 일이다. 끼니를 먹고 나서 하는 설거지 또한 본성을 거스르는 노동이다. 가족을 사랑하는 모든 일이 그렇다. 희생과 수고는 본성적으로는 누구나 피하고 싶어 하는 일이다.

날마다 책을 읽어주는 일 역시 별다르지 않다. 이 비본성적인 수고가 어떻게 몸에 배게 되었을까? 그 핵심은 지속적인 반복을 통한 습관 들이기다.

집안일 가운데 설거지는 내 몫이다. 처음엔 주말에 한두 차례

'돕는' 수준에 지나지 않았다. 가사 분담을 더 많이 해야 한다는 생각이 들어 설거지 횟수를 한두 차례 늘려 가기 시작했다. 그렇게 조금씩 몸에 붙어 가자, 별다른 재능이 필요 없는 이 일을 아예 내 몫으로 해야겠다는 마음이 들었다. 그렇게 설거지는 '내 일'이 되었다. 이제는 다른 식구가 가끔 설거지를 도와주면 무척 고마운 마음이 든다. 날마다 하다 보니 설거지 '기술'이 늘었다. 심지어 이 일이 재미있고, 다 끝낸 후에는 흐뭇한 만족감까지 든다.

돌이켜보면, 매일 밤 책 읽어주기도 설거지가 '내 일'이 된 과정과 별다르지 않다. 처음에는 귀찮은 마음을 무릅쓰고 마음을 다잡아야 하는 날이 많았다. 잠자리 낭독을 건너뛰고 싶은 날이 부지기수였다. 하루의 피곤이 정점에 이르는 밤, 씻기조차 귀찮아서 그냥 드러눕고 싶은 마음을 하루하루 거스르다 보니 어느덧 습관이 들기 시작했다. 하루가 저물고 밤이 찾아오면 책 읽을 시간을 의식하는 '자동화'가 이루어졌다.

기분 좋을 때 책 한 번 읽어주는 건 그다지 어렵지 않다. 시간 날 때 책 한 번 읽어주는 것도 어렵지 않다. 문제는 바로 그 '기분 좋을 때'와 '시간 날 때'가 일상적이지 않다는 데 있다. 기분이 좋지 않은 날이라 해도 책을 들고 아이들 방으로 가야 한다. 시간이 나지 않는 것이 우리 일상이므로 시간을 내서 아이들에게 다가가야 한다. 그게 사랑 아니겠는가. 마음과 시간을 내어주는 것, 곧 우리 자신을 내어주는 것.

나중에 시간 날 때 시작하려면 늦을지도 모른다. 오늘은 바쁘니 내일부터 시작하겠다면 그 내일이 언제가 될지 장담할 수 없다. 지금 아이들과 함께하는 시간을 내야 한다. 책이든 장난감이든 게임기든, 손길 닿는 곳에 있는 것을 들고 지금 아이들과 함께 시간을 보내야 한다. '우리를 통해 왔지만 우리 소유는 아닌' 이 존재들을 책임진 우리에게 이보다 더 중요하고 시급한 일이 또 있을까.

2

읽어주기 좋은 책은 따로 있다

지금까지 내가 아이들에게 읽어준 책은 몇 종 빼고는 거의 동화나 소설로 된 이야기책storybook이다. 물론 시집, 교훈을 담은 우화집, 인생에 대한 조언을 담은 책을 읽어주기도 했다. 그런데 그 책들은 주로 다음 이야기책으로 넘어가기 전, 새로운 책을 정하기 전 잠시 징검다리로 읽어주는 책이었다.

이야기책이 지닌 미덕

잠자리에서 주로 이야기책을 읽어준 건 내 나름의 이유가 있다. 첫째, 무엇보다 '재미'가 중요하기 때문이다. 책 읽어주는 시간이 즐거우려면 아이들(듣는 재미) 뿐 아니라 나(읽는 재미)에게도 재미는 중요한 요소였다. 그러자면 이야기책만 한 게 없다. 스토리 속 등장인물들은 크고 작은 어려움과 위험에 빠지고 갈등과 화해를 겪으면서 여정을 헤쳐 간다. 악의 세력이 등장하여 주인공을 결정적인 위기로 몰아넣지만, 마침내는 위기를 극복하고 성장한다.

둘째, '이야기'는 결국 우리가 이 땅에서 살아가는 인생 여정, 세상살이를 보여 주는 거울이다. 우리가 지금까지 살아온 나날들 그리고 앞으로 살아갈 나날들은 결국 여러 편의 이야기 조각들이 모여 이루는 하나의 대서사grand narrative 아닌가. 그러니 책 속 이야기는 그저 초현실적이고 허무맹랑한 거짓부렁이 아니다. 이야기 속 인물들이 겪는 관계의 갈등, 고통과 슬픔, 좌절과 고난, 선택과 결정, 도전과 극기의 상황들은 실상 고스란히 이 세계에서 우리가 경험하는 '현실'이다. 따라서 이야기를 읽는다는 건 곧 인간과 인생을 읽는 것과 같다는 게 내 생각이다.

셋째, 내가 읽고 싶은 책을 찾다 보니 이야기책에 손이 더 많이 갔다. 아이들에게 꼭 읽어주어야겠다고 미리 정한 '필독서' 목록은 애시당초 없다. 특별히 참고한 추천 도서 목록도 없다. 다만 내가 읽고 싶은 책들의 위시리스트는 있었는데 그 책들이 주로 이야기책이었다. 예전에 읽은 책 중에 손꼽을 만한 책(《로빈슨 크루소》《15소년 표류기》《나니아 연대기》 등)이나 어릴 적에 읽지 못한 명작(《이상한 나라의 앨리스》《메리 포핀스》 등)을 이번 기회에 읽으면 좋겠다는 생각이었다.

넷째, 이야기책은 낭독하기에 여러 모로 적합하다. 이야기에서 등장인물들은 여러 가지 상황을 겪는데, 힘겹고 때로는 긴박한 상황을 어떻게 헤쳐나갈지 다음 장면에 대한 궁금증이 일게 마련이다. 연속 방영되는 드라마처럼, 일촉즉발 위기일발의 상황에서 읽기를 멈추면 가슴 졸이고 듣던 아이들은 흥미와 호기심을 더 갖게 된다.

사실 모든 이야기책이 그렇지는 않다. 예를 들면, 내 생각에 제임스 조이스의《젊은 예술가의 초상》같은 작품은 읽어주기에 적합하지 않다. 스토리보다는 주인공의 내면 묘사와 의식 흐름이 중심이 되는 소설이기에, 별다른 사건이나 극적인 전개가 거의 등장하지 않는다. 반면《바스커빌 가의 개》처럼 극적인 장면이 연달아 터지면서 독자의 궁금증을 자아내게 하는 소설은, 읽어주는 이가 다음 장면이 궁금해서 저절로 먼저 읽게 된다. '어스시의 마법사' 시리즈도 그랬다. 읽는 내가 궁금증을 못 이기고 다음 시리즈들을 마저 사서 아이들보다 먼저 읽었을 정도였다. 평소보다 잠자리 낭독 시간이 길어지는 날은 필시 아이들이 다음 이야기가 궁금해서 졸라댔거나, 아니면 읽어주는 아빠가 궁금하여 자진해서 더 읽어주었거나 둘 중 하나였다. (참고로《바스커빌 가의 개》는 스릴러 영화처럼 무서운 장면들이 꽤 나와서 초등학생에게는, 더욱이 잠자리에서 읽어주기에는 그다지 적합하지 않은 책이다.)

이야기책은 아무리 분량이 많아도 아이들이 이야기 전개를 놓치는 법이 없었다. 등장인물이 많은 책은 내가 읽다가 "이 사람이 누구더라?" 하고 고개를 갸웃거리면, 아이들이 곧바로 알려주곤 했다. 그뿐 아니라 아빠의 사정으로 사나흘 읽지 못한 경우라도 아이들은 이전에 어떤 장면이 나왔는지 생생히 기억하고 있었다.

이것이 바로 이야기의 힘을 보여 주는 증거 아닐까.

교훈보다는 재미: 위인전과 우화

아빠가 보기에 아무리 재미있을 것 같은 책이라도, 듣는 아이들이 별 흥미를 못 느끼면 책 읽어주기는 맥 빠지는 일이 되고 만다. 소리 내어 15분 동안 책을 읽어주는 일도 노동이라면 노동인지라, 아이들의 반응이 시원찮거나 딴전을 피우면 힘이 든다. 때로 화가 나기도 한다.

"제대로 안 들을 거면 아빠 책 그만 읽을 거야!"

애써 시간을 내 책을 읽어주는데, 아이들이 잘 듣지 않으면 괜히 시작했나 하는 생각이 든다. 그러나 이대로 그만둔다면 다시 시작하기는 더 어려워진다. 원인을 짚어 보는 일이 먼저다.

첫째, 내용이 별로 흥미롭지 않을 때 아이들은 산만해진다. 우리 아이들의 경우, 위인전을 읽어줄 때가 그랬다. 내 생각으로는, 실존 인물의 생애 이야기를 담은 위인전을 아이들이 재미있게 들을 줄 알았다. 결과는 정반대였다. 아이들은 몹시 지루해했고, 책을 바꾸자고 거듭 조를 정도였다.

첫째가 6학년, 둘째가 3학년이었을 때의 일이다. 《이순신》을 읽어주기로 했다. 도전과 응전, 실패와 승리 등의 극적인 스토리가 담겨 있으리라 여겨 새 이야기책을 정하기 전 '징검다리 책'으로 정했다. 실은 충무공의 생애를 통해 아이들에게 교훈을 안겨주려는 아빠의 소박한(?) 욕심도 적잖이 있었다.

다른 때와는 다르게 아이들은 책 내용에 거의 몰입하지 못했고 나 또한 마찬가지였다. 이순신이 왜 그랬냐는 둥, 그 내용은 이상하다는 둥, 유달리 반문과 문제 제기가 잦았다. 한마디로 '핵노잼'(정말 재미없음)이라는 얘기였다. 이 책을 쓰면서 잠자리 낭독을 돌아보는 대화를 나눴을 때, 아이들은《이순신》을 기억조차 못 했다. 아빠가 아이들에게 교훈을 주려는 목적의식에 기울어져 책을 정할 때 이렇게 아이들의 반응은 전혀 다르게 나타나기도 했다.

그런데 재미있게 읽은 인물 소설도 있다. 거의 비슷한 시기로 기억되는데,《홍길동전》은 아이들도 나도 좋아했던 책이다. 율도국을 세우고 내내 행복하게 살았다는 결말부에 이르러서는 큰아이가 끝이 좀 허무하다고 하긴 했지만, 읽는 중에 우리는 내내 다음 이야기를 궁금해했다.

삶의 교훈과 풍자를 담은 짤막한 이야기인 '우화'의 경우도 반응이 영 신통치 않았다. 아이들이 청소년기에 들어선 이후《이솝우화》를 한동안 읽어준 적이 있다. 이 책 역시 징검다리 낭독서로 내가 고른 책으로, 필요할 때마다 가끔 읽어주었다. 아이 중 하나가 수련회나 수학여행 등으로 잠자리 책읽기에서 빠지는 경우가 생겼는데, 그럴 때 '일회용 낭독서'로 우화집이 좋겠다고 여겼다. 짧지만 '이야기'인데다 교훈까지 건질 수 있을 테니 더할 나위 없는 대안으로 생각했다.

오판이었다! 우화집의 이점은 짧아서 잠자리 낭독을 빨리 끝낼 수 있다는 것이었다. 문제는 청취자 편에서도 꼭 그렇지는 않다는 점이었다. 아이들은 너무 짧은 이야기여서 아쉬운 데다가 어떤 교훈을 찾아야 한다는 걸 마뜩치 않아 했다. 어쩌면 이미 우리 아이들이 보기에 우화란 어린 꼬마들에게나 어울리는 읽을거리였는지도 몰랐다. 더구나 내가 읽어준 번역본에는 이야기 한 편 한 편마다 한 줄 교훈이 정리되어 있어, 아이들에게 깨달음을 유도하는 질문을 던지도록 편집되어 있었다. 책을 읽으면서 인위적인 학습이나 계몽 효과를 기대하는 건 좋지 못하다는 걸 깨달은 경험이었다.

결국 교훈이 담긴 짧은 우화는 초등 고학년 이상일 경우, 잠자리에서 읽어주기에는 적절치 않다는 게 내 경험에서 나온 결론이다. 요즘처럼 세상 물정에 일찍 눈뜨는 십대들에게 이솝 우화를 읽어주며 교훈을 일깨우려 한 건 순진한 생각 아니었을지…. 물론 이는 이솝 우화의 가치와는 별개인, 순전히 잠자리 낭독자의 경험으로 본 단견일 뿐이다.

색다른 장르 : 시집, 에세이, 성서

가끔은 시집, 에세이, 성서 등 색다른 장르도 읽어주었다. 시집과 에세이는 모두 징검다리용으로 읽어주었다는 공통점이 있다. 그리고 성서는 장대한 이야기도 담고 있지만, 시와 잠언 같은 다양한 장르가 묶여 있는 책이기도 하다.

시집은 두 아이 중 하나가 집을 비웠을 때나 다음 책을 정하기 전 짧은 기간 읽었다. 많이 읽어주지는 못했다. 징검다리 낭독서나 일회용 낭독서도 미처 정하지 못한 경우, 그럴 때 시집을 읽어주곤 했다. 시를 읽어줄 땐 눈을 감고 시를 들으며 떠오르는 장면이나 이미지를 상상해 보라고 한다. 한 번에 두세 편 정도를 골라 한 편당 두 번씩 읽는 식이었는데, 어떤 장면이 떠올랐는지, 어떤 느낌이 들었는지 이야기를 나누었다. 아이들은 시어의 의미나 시가 전하는 메시지를 묻기도 했다.

읽어준 시집으로는《시가 내게로 왔다》《당신이 그리운 건 내게서 조금 떨어져 있기 때문입니다 1, 2》가 기억난다. 둘 다 여러 명시들을 가려 뽑아 묶은 시집으로, 전자는 내가 고른 책, 후자는 딸아이가 중2 때 서점에서 제목이 마음에 든다면서 산 책이다. 시집은 애초에 한 권을 처음부터 끝까지 읽어줄 요량이 아니었다. 하루나 이틀 정도 읽어주는 수준이었다. 초등학생 때 동시집을 아주 가끔 읽었지만, 청소년이 되니 시를 좀더 깊이 음미하며 감상하는 모습을 볼 수 있었다.

에세이도 장르 특성상 한 권을 잡고 오래 읽기는 쉽지 않았다. 가끔 징검다리용으로 발췌해서 읽는 정도였다. 십대들에게 들려주는 철학자 할아버지의 '인생 잠언'을 모은 《답 없는 너에게》는 내가 공저한 책인데, '아빠가 저자 중 한 사람이니 당연히 읽어야 하지 않겠느냐'며 반 우격다짐으로 읽었다. 예의를 차리느라 그랬는지 아이들은 비교적 집중해서 귀를 기울였고 질문을 던지기도 했다.

끝으로, 성서의 〈잠언〉은 인생의 지혜를 담은 텍스트로 꼭 읽어주고 싶은 책 중 하나였다. 그렇다면 다음 책으로 건너가기 위해 잠시 읽어주는 건 별 의미가 없다고 생각했다. 그렇다고 매일 밤 〈잠언〉만 읽어준다면 아이들이 재미없다고, 다른 책 읽자고 아우성칠 게 빤했다. 지나치면 모자람만 못할 것이기에, 잠언을 애피타이저로 한 단락 정도 먼저 읽은 다음, 메인 코스인 이야기책을 본격적으로 읽어주었다. 이렇게 하니 아이들은 성서는 성서대로, 이야기책은 이야기책대로 귀 기울여 들었다.

3

책과 영화

《나니아 연대기》는 저명한 영문학자이자 영국 옥스퍼드 대학 교수였던 C. S. 루이스가 쓴 연작 판타지로, 모두 7권으로 된 시리즈다. 톨킨의 《반지의 제왕》, 어슐러 르 귄의 《어스시의 마법사》와 함께 세계 3대 판타지 소설로 꼽힌다. 2005년 영화 〈나니아 연대기: 사자와 마녀와 옷장〉이 개봉한 이후 7권을 한 권으로 편집한 두꺼운 양장본이 나오기도 했다.

이 책을 고른 이유는, 우선 루이스가 내가 아주 좋아하는 작가이기 때문이다. 이는 그가 쓴 유일한 어린이책인데 나 또한 몹시 흥미진진하게 읽었다. 한국어판에는 원작 삽화가 같이 실려 있는데, 책을 읽어주다가 가끔 그림을 보여주기에도 좋다.

아니나 다를까. 아이들은 이 시리즈를 무척 재미있어 했다. 첫 권을 다 읽어갈 즈음, 당시 초등학교 1학년이던 딸아이는 스스로 다시 전권을 읽기 시작했다.

"의진, 이 책 아빠가 다 읽어줬잖아."

"네."

"근데 또 읽어?"

"그냥 재밌어서 다시 읽고 싶어졌어요."

그렇게 아이는 혼자《나니아 연대기》를 처음부터 끝까지 다 읽었다. 그 뒤로도 연례행사 치르듯 정기적으로 나니아 시리즈를 읽는 모습을 볼 수 있었는데, 여전히 재미있다고 했다. 십대 후반에는 아예 원서를 찾아서 읽을 정도였다.

딸아이뿐 아니다. 둘째가 초등학교 3학년 무렵이던가, 혼자 두꺼운 책을 한창 열중해서 읽고 있는 모습에 내심 놀랐다. 짐짓 아무렇지 않은 척 말을 걸었다.

"유겸, 뭔 책을 그리 재밌게 읽어?"

"이거《사자와 마녀와 옷장》이에요."

《사자와 마녀와 옷장》은 나니아 시리즈 중 가장 먼저 쓰인 책이지만, 시리즈 순서로는 두 번째 책이다.

"어떻게 그걸 읽을 생각을 했어? 제법 두꺼운 책인데."

"재밌잖아요."

그랬다. 녀석의 대답도 누나와 비슷했다. 이미 아빠랑 읽었지만 재미있어서 다시 읽고 있다는 얘기였다.

더 즐겁게, 읽고 또 읽은 이유

아이들이《나니아 연대기》를 유달리 재미있게 즐긴 데는 또 다른 이유가 있다. 바로 텍스트의 영상 버전인 '영화' 때문이다.《나니아 연대기》같은 고전급 작품은 대개 영화로도 만들어진다.《반지의 제왕》과《어스시의 마법사》도 그렇다. 특히《반지의 제왕》은 내가 알기로는 영화가 개봉하고 나서 원작 소설이 제대로 알려져 우리나라에서 인기몰이를 한 경우다.《나니아 연대기》는 영국에서는 연극으로도 공연되고, BBC의 텔레비전 시리즈로도 만들어졌다.

《사자와 마녀와 옷장》을 아이들과 거의 다 읽어 갈 즈음, 이 이야기로 만든 영화가 개봉되었다. 영화화 소식을 들었을 때부터 궁금해하던 우리는 영화가 개봉하자마자 온 가족이 함께 보러 갔다. 이후 이 작품에 관해 한동안 수다가 끊이지 않았고 DVD가 나오자 구입해서 다시 함께 감상하는 시간을 가졌다. 후속 시리즈인《캐스피언 왕자》와《새벽출정호의 항해》도 이와 같은 과정을 밟았다.

아이들은 이야기를 영상으로 다시 '읽고' 나서 할 얘기가 더 많았던 듯하다. 원작을 꿰고 있다 보니 영화와 원작을 나보다 더 예리하게 비교했고, 영상으로 잘 연출한 부분에는 감탄하기도 했다. 아이들은 좋은 이야기(책)가 있어야 좋은 영화가 나올 수 있다는 점도 배웠다. 책은 지루하고 영화는 재미있다는 식의 이분법에 빠지지 않고 책은 책대로, 영화는 영화대로 각자 매력이 있음을 비교하고 알아 갔다. 물론 영화를 본 뒤 원작을 다시 읽고 싶다면서 책을 펼쳐드는 것도 흔한 일이었다.

딸아이가 '인생 영화'로 꼽는 작품 중에는 〈메리 포핀스〉가 있다. 마법을 부리는 독특한 보모가 주인공인 이야기다. 〈사운드 오브 뮤직〉(1965)으로 유명한 줄리 앤드류스는 1964년작인 이 영화에서도 아주 잘 어울리는 옷처럼 매력적으로 메리 포핀스를 연기한다. 지금 시각으로 보면 우산을 타고 날아오거나 지붕 위에 내리는 등의 특수효과 장면이 몹시 뒤처져 보일 수밖에 없다. 그런데도 딸아이는 이 영화를 얼마나 좋아하는지 모른다. 이 영화는 《우산 타고 날아온 메리 포핀스》《뒤죽박죽 공원의 메리 포핀스》를 잠자리 낭독서로 함께 읽고 난 뒤 함께 보게 된 것이었다.

메리 포핀스 연작 두 권은 내가 읽어주기 전에 딸아이가 이미 혼자서 읽은 책이었다. 어느 날 다음 책으로 뭘 읽을까 의논하던 중에 딸아이가 이 두 권을 제안했다.

"그 책은 전에 다 읽었잖아. 근데 또 읽어 달라고? 그럼 따님은 별 재미없지 않을까?"

"아니에요. 내용은 다 알고 있지만 아빠가 또 읽어주면 더 재미있을 거 같아요."

그렇게 해서 두 연작을 순서대로 읽어주기 시작했다. 걱정은 기우였다. 이미 읽은 책인데도 딸아이는 무척이나 재미있게 '들었다.' 그뿐 아니라 자기가 혼자 읽었을 땐 지나쳤던 대목을 새롭게 발견하면서 더 즐거워했다. "어라, 신기한데. 그 내용은 완전히 새롭네!" 하면서.

아이들은 같은 이야기일지라도 혼자 읽은 경험과 아빠 목소리로 듣는 경험을 다르게 받아들이는 듯했다. 같은 스토리를 시각과 청각으로 경험하는 재미가 다른 것이다.

《우산 타고 날아온 메리 포핀스》에는 날마다 공원에서 새들에게 모이를 나눠주는 '새 할머니' 이야기(7장)가 나온다. 성당 앞에서 할머니가 새 모이를 팔면서 노래처럼 되풀이하는 말이 있다.

"새들에게 모이를, 한 봉지에 2펜스! 새들에게 모이를, 한 봉지에 2펜스!"

이 말을 할머니 목소리를 흉내 내어 4-3조 리듬으로 읽어주었더니, 아이들이 엄청 신나 하면서 자꾸만 따라했다. 책 읽어주기가 끝나고 잠자리에 누워서도 누나와 동생이 서로 함께 주거니 받거니 하며 즐거워했다.

"새들에게 모이를!"

"한 봉지에 2펜스!"

이후 한동안은 가족 유행어가 되어, 아무 때나 맥락 없이 그 말이 튀어나오곤 했다. 누군가 '새들에게 모이를!' 하면 다른 사람이 반드시 '한 봉지에 2펜스!' 하며 받아주는 식이었다.

〈메리 포핀스〉 영화가 있다는 사실은 함께 책을 거의 다 읽어갈 즈음 인터넷 검색을 통해 알게 되었다. 게다가 〈사운드 오브 뮤직〉의 줄리 앤드류스가 나온다니, 딸아이는 환호성을 질렀다. 딸아이는 이 배우를 무척이나 좋아해서 노년의 줄리 앤드류스가 나오는 영화 〈프린세스 다이어리 1, 2〉까지 섭렵했다. 게다가 자기가 좋아하는 책을 영화화한 작품에서도 주인공으로 나온다니 오죽했겠는가. 누나만큼은 아니지만, 둘째아이도 〈메리 포핀스〉를 즐겨 보았는데 누나와 함께 여러 번 보고 또 보면서 이야기꽃을 피우곤 했다.

활자 언어와 영상 언어를 넘나들다

이렇게 책을 읽고 나서 영화를 찾아본 작품이 여럿이다. 그러면 원작과 영화를 보는 순서는 어떻게 해야 할까? 영화를 먼저 보고 난 뒤 원작(책)을 읽으면 이미 본 영상으로 인해 상상력이 제한된다는 얘기도 있다. 이 말에 꽤 동의하는 편이지만, 꼭 '선책후영'(책 먼저, 영화는 나중) 식의 원칙을 지킨 것은 아니다. 영화가 나중에 나왔거나, 뒤늦게 영화의 존재를 알게 되어 본 경우가 많았을 뿐이다.

영화를 먼저 보고 나서 원작을 읽어준 경우는 《호빗》이 대표적이다. 이 책은 언젠가 읽어줄 생각은 있었으나 먼저 읽어본 딸아이가 별로 재미없더라고 해서 미뤄 두고 있었다. 그러던 중 피터 잭슨 감독이 연출한 〈호빗〉이 개봉한 것이다. 같은 감독의 영화 〈반지의 제왕〉 3부작을 아주 재미있게 본 우리는 〈호빗〉 시리즈도 당연히 개봉 때마다 기다렸다가 다 봤다. (《반지의 제왕》은 책 낭독은 하지 않고 영화만 감상한 경우다.) 그런데 3부작 〈호빗〉 시리즈가 종

영하자, 아이들은 아빠가 책을 읽어주면 좋겠다고 요청했다. 왜 마다하겠는가. 때마침 새 책을 시작할 시점이기도 했다.

영화 〈호빗〉 시리즈의 3부 〈호빗: 다섯 군대의 전투〉는 2014년 말 국내 개봉했는데, 이 때 딸아이는 열일곱 살, 아들은 열네 살이었다. 1999년에 시공사에서 주니어 문고로 두 권으로 나누어 출간한 원작은 우리말 제목이 "호비트"로 되어 있었다(지금은 출판사가 바뀌어 '씨앗을뿌리는사람'에서 《호빗》으로 나온다). 어린이 독자를 염두에 둔 번역이다 보니 표현이 '어린이스러운' 면이 두드러진다. 예를 들면 '골룸'을 '꿀꺽이'라고 옮겨 놓았다. 그래서 원작을 읽어줄 때는 이름이나 일부 표현을 아이들에게 익숙한 영화에 맞춰 바꿔 가며 읽어주었다.

그런데 애당초 원작을 읽어주려 할 때는 싫다던 딸아이가 영화를 보고 난 뒤 오히려 귀를 기울여 들었다. 아이들은 원작과 영화가 다른 점을 귀신같이 찾아내며 신나 했다. '선영후책'(영화 먼저, 책은 나중)이 오히려 좋았던 경우다.

그러고 나서 얼마 후 서점에 들렀다가 《어린이를 위한 호빗 1, 2》(씨앗을뿌리는사람)을 보게 되었다. 영화 개봉에 맞추어 큰 판형에 활자를 키우고 삽화를 넣는 등 어린이들이 읽기 편한 편집본으로 새로이 펴낸 것이었다(이 책은 현재 절판되었다). 이 책을 둘째아이에게 사 주었더니 즐겨 읽었다. 톨킨은 저녁마다 가족 독서 시간을 가졌다는데, 《호빗》은 바로 이 시간에 자녀들에게 처음 읽어준 작품이라고 한다.

이렇게 책과 영화를 자유롭게 넘나들며 감상하는 건 우리 아이들에게는 흔한 일이었다. 큰아이는 특히 영화를 좋아해서, 판타지물이나 〈메이즈 러너〉 같은 액션물뿐 아니라, 〈변호인〉 같은 한국영화도 원작과 영화를 두루 즐겼다. 영화 〈이클립스〉나 〈브레이킹 던〉 같은 경우는 한국어판 원작을 읽더니 원서도 읽고 싶다면서 두 번 넘게 읽을 정도였다. 영화뿐 아니라 드라마도 즐기는 이 아이는 책으로 나온 드라마 대본집도 찾아 읽는다.

딸아이는 얼마 전 한국 독립운동사에서 잊힌 여성운동가 이야기를 다룬 단편 다큐멘터리 〈박차정을 찾아서Disappeared Woman〉를 만들었다. 박차정은 김원봉의 아내로 무장 투쟁에도 나섰던 여성 독립운동가인데, 김원봉은 알아도 박차정을 아는 경우는 극히 드물다. 이 영화는 2017 서울국제여성영화제 청소년 부문 본선에 올랐고, 2017 DMZ 영화제 청소년 다큐 본선 경쟁작으로도 선정되었다. 그동안 책과 영화를 넘나들며 읽고 즐겨 온 경험이 밑힘이 되었음은 부인할 수 없을 듯하다.

4

색다른 책읽기 방법들

살다 보면 책을 읽어줄 수 없는 날도 당연히 있다. 이를테면, 회사 일로 출장을 나녀오느라 아이들과 떨어져 지내는 상황이 그렇다.

큰아이가 4학년, 둘째가 1학년이었을 때, 해외로 보름 정도 출장을 갈 일이 생겼다. 2주간 잠자리 낭독은 쉴 수밖에 달리 도리가 없었다.

출장을 한 주 앞둔 즈음, 여느 때처럼 잠자리에서 책을 읽어주고 나서 이야기를 꺼냈다.

"있잖아, 아빠가 다음 주에 출장을 다녀와야 해. 두 주 정도 미국과 영국으로 책 전시회 방문하고 출판사들 찾아다니는 일이야."

"그래요? 아빠가 출장 가면 그럼 우린 책 못 읽겠네요?"

"그러게. 하지만 아빠 대신 엄마가 읽어줄 수 있을 거야."

말은 그렇게 했지만, 생각할수록 자꾸만 아쉬움이 느껴졌다.

'읽던 책을 들고 가서 날마다 국제 전화로 책을 읽어주는 건 어떨까? 아니다. 시차 때문에 안 되겠구나. 하루에 10분씩만 읽어주더라도 2주간 계속 한다면 통화료도 만만치 않을 거고. 어떻게

방법이 없을까….'

궁리하다가 한 가지 방법을 떠올렸다.

'그래, 날마다 읽어주는 분량만큼씩 녹음을 해 보자. 라디오 방송도 생방송이 안 되면 녹음해서 틀어 주잖아. 나도 인사말까지 다 넣어서 평소 읽어주는 것처럼 그렇게 낭독 녹음을 해 보자.'

그때부터 아무도 모르게 '잠자리 낭독'을 녹음하기 시작했다. 구식 테이프레코더에 빈 테이프를 넣고 평소 읽어주던 책을 펴서 잠자리에서 읽어주는 것과 똑같은 톤으로 읽었다. 하루 분량을 설정하고 시작할 때와 마칠 때는 인사도 넣었다.

"의진 유겸, 아빠야. 오늘부터는 아빠가 집에 없지만 이 녹음기

로 매일밤 우리가 읽던 책을 읽어줄 거야. 자 오늘은《버드나무에 부는 바람》다섯 번째 이야기, '즐거운 나의 집'…."

"오늘은 여기까지! 의진 유겸, 내일 또 아빠랑 만나자. 안녕!"

'오늘은 여기까지!'는 내가 매일 밤 책 읽기를 끝낼 때 하는 일종의 시그널 멘트다. 그렇게 해서 해외 출장지에서 정신없는 일정에 쫓겨다니는 2주간, 나는 하루도 빠지지 않고 아이들에게 책을 읽어주었고, 아이들은 '아빠와 함께' 책을 읽으며 잠자리에 들었다.

출장이 끝나고 돌아왔을 때, 그동안 있었던 일을 아내에게 들으며 둘이서 한바탕 크게 웃었다.

"어떻게 테이프에 녹음을 할 생각을 했어요? 아이들이 그 녹음 듣다가 어느 날 둘이서 '아빠 보고 싶다'고 목 놓아 운 거 모르죠? 둘이서 아주 통곡을 하면서 펑펑 울더라니까."

아이들이 울음을 터뜨렸다는 얘기를 하면서 우리는 오히려 깔깔대며 웃었다. 그 녹음 테이프는 아직도 보관하고 있다. 요즘엔 테이프레코더를 거의 사용하지도, 생산하지도 않는 모양이다. 〈응답하라 1988〉 같은 회고담을 담은 드라마나 〈가디언즈 오브 갤럭시〉 같은 영화에서나 볼 수 있다. 지금은 스마트폰으로 간단히 녹음해서 파일을 바로 보낼 수 있으니 마음만 먹으면 쉽게 할 수 있는 일이 되었다.

물론 출장 때마다 이렇게 한 건 아니다. 짧은 국내 출장을 다녀올 때는 아내가 대신 읽어주곤 했다. 그럴 때면 아이들은 엄마는 재미없게 읽어준다고 툴툴대더라는 얘기를 듣기도 했는데, 그냥 아이들의 불평일 따름이었다. 아내는 한 라디오 방송국에서 하는 어린이 프로그램에서 한동안 책 낭독을 맡았을 정도로 책 읽어주기에 일가견이 있다. 그냥 잠자리에서 듣는 목소리가 귀에 익은 아빠의 것이 아니어서 나온 푸념 아니었을까 한다.

가족 여행

여행이나 집안 행사로 집을 떠나 있는 경우엔 잠자리 책읽기를 건너뛸 수밖에 없을까? 우리 부부는 둘 다 서울에서 꽤나 먼 지방 출신이라 명절 연휴에는 장거리 여행을 다녀야 한다. 일 년에 최소 두 번은 전국 투어 수준의 여정을 떠난다.

아이들이 어렸을 적에는 명절이면 조카들까지 포함하여 아이들은 내가 맡았다. 낮에는 가까운 어촌박물관을 찾아 전시물을 둘러보고 나서 마지막으로 영상체험관을 들르는 게 정해진 코스였다. 고향을 찾은 이들을 위해 명절에도 문을 열어 준 그 박물관이 얼마나 고맙던지. 아이들은 지루해하지 않고 자기들끼리 코스를 찾아다니며 즐거워했다. 어촌박물관이 아니어도 거제도는 섬 전체가 여행지여서, 시골집 앞 백사장(구조라 해수욕장)이나 차로 10분 거리의 몽돌해변 등 곳곳이 놀이터다.

밤이 오면, 조카들과 함께 아이들을 잠자리에 뉘여 책을 읽어주었다. 그동안 계속 읽어오던 책을 챙겨 와서 연이어 읽었다. 그러나 명절 연휴에 매일 밤 책읽기는 생각만큼 쉽지는 않았다. 친척들이 한자리에 모이다 보니 늦도록 대화하느라 취침 시간도 늦어지고, 한편으로는 좀 유별나 보이지 않을까 신경 쓰이기도 했던 탓이다. 서너 해 동안은 그렇게 하다가 언제부턴가 그냥 명절에는 오랜만에 만난 가족들과 노는 데 집중하자 생각하면서 명절 연휴를 '방독放讀' 기간으로 정해 책읽기를 쉬었다.

가족여행 중에는 잠자리 책읽기를 즐겁게 할 수 있었다. 우리네 식구만 떠난 단출한 시간이라, 집중하기 쉬운 분위기였기 때문일 것이다. 여행지에서는 밤이 되면 딱히 할 일이 없다. 아이들이 어릴 때는 더 그렇다. 저녁을 먹고 나면 아이들은 침대나 소파에 널브러져 텔레비전을 마음껏 시청했다. 그러면 금세 잠자리에 들 시간이 찾아왔다. 여행지에서는 어지간하면 늦게 잠드는 걸 허용했는데, 낮에 실컷 놀고 밤에는 텔레비전을 보다가 자정 즈음 잠자리에 뉘여 책 읽어주기로 하루를 마무리하곤 했다.

가장 기억나는 '여행지 책읽기'는 홍콩 여행 기간인데, 우리 가족의 첫 해외여행이라 더 그런 것 같다. 3박 4일 내내 하루 일정이 끝나고 잠자리에 들 시간이 되면 홍콩만이 바라보이는 숙소에서 아이들 머리맡에 앉아 책을 읽어주던 풍경이 지금도 눈에 선하다.

종일 쏘다니며 노느라 몸은 노곤하지만, 낯선 여행지의 숙소에서 하루 일정을 돌아보며 어디가 어땠고, 뭐가 좋았고, 어떤 음식이 맛있었는지 한바탕 수다를 떨면 어느덧 잠들 시간이 다가온다.

"다람쥐들, 이제 자야지. 그래야 내일도 신나게 돌아다니지."

잠들기 싫은 눈치로 꿈지럭대는 아이들을 부르며 아빠가 조용히 여행 가방에서 책을 꺼낸다.

"우와! 책 가져오셨어요? 우리가 읽던 책이요?"

"그러엄. 당연히 챙겨 왔지. 여행 중에 읽으면 더 재미있지 않을까 해서."

"네, 좋아요! 얼른 읽어주세요!"

아이들은 예상치 못한 마지막 이벤트가 남아 있다는 사실에 몹시 신나 했다.

오랜 시간이 흘렀지만, 지금도 그 호텔 방에서 조잘거리던 아이들의 표정, 여느 밤보다 유난히 더 흥에 겨워 책을 읽어주던 내 모습, 그 정경을 잊을 수 없다. 아이들은 머지 않아 우리 품을 떠날 테지만, 그 때의 행복감은 언제까지나 생생히 남아 있을 것이다.

아이들이 청소년이 된 이후로는 차츰 여행지에 책을 챙겨 가지 않게 되었다. 웬만큼 자란 아이들에게 여행 중에는 취침 시간을 엄격하게 규제하지 않았고, 빡빡한 여정을 마치면 잠들기 바쁜 날도 늘었으며, 텔레비전 시청이 아이들의 여행 중 또 다른 즐거움이기도 했기 때문이다. 텔레비전은 큰아이 초등학교 입학 즈음에 고장 났는데, 그 참에 새로 사지 않았고 여태껏 별 불편을 모르고 살아왔다. 물론 아이들이 '우리 반에 텔레비전 없는 집은 나뿐'이라며 조른 적도 있지만, 우리 부부는 '나중에 너희들이 돈 벌어서 사라'고 했다. 그 뒤로 텔레비전 사자는 말은 사라졌는데, 다만 여행지 숙소를 결정할 때 화면 큰 텔레비전은 필수 조건이 되었다. 그래도 나는 변함없이 짐 가방에 책을 챙겨 간다. 원한다면 기꺼이 읽어주자 싶은 마음에서다.

5

책읽기를 멈추고 싶을 때

그동안 책읽기를 쉬거나 그만두고 싶은 때가 없었다면 거짓말이다. 처음에는 별다른 계획 없이 시작한 책 읽어주기가 아빠의 공식 '일과'로 자리잡은 이후 귀찮게 여겨지는 날도 있었다. 아내와 다투거나 신경전 중일 때, 아이들에게 화가 났을 때, 아무 일 없었던 듯 차분히 책을 읽어주기란 쉽지 않았다. 그런 날엔 화를 억지로 누르며 "오늘은 그냥 자라"고 으르며 잠자리로 내몬 날도 있다. 몸이 심하게 아픈 날은 읽어주고 싶어도 어찌할 수가 없다.

어떤 일을 꾸준히, 일관되게 한다는 것

어떤 일이든 매일 정해진 시간에 일관되게 실행한다는 건 누구에게나 호락호락하지 않다. 마음이 먼저 움직이지 않으면 몸이 꿈쩍도 하지 않는 나 같은 사람에게는 더 그렇다. 사람 마음이란 밝은 햇살이 가득하다가도 한순간에 먹장구름으로 뒤덮일 때가 있는 법. 책읽기가 그날 밤 아빠의 마음 상태에 따라 수시로 오락가락

한다면, 얼마 못 가 중단되고 말 것이다.

철부지일망정 일정 시기가 되면 아이들은 하나의 인격체로서 부모와 대등하게 자신의 존재감을 확인하려 들 때가 온다. 그들은 자라면서 부모의 한계와 울타리를 뛰어넘으려 한다. 또 그게 '성장'이기도 할 것이다. 내 경우 아이들의 성장 수준과 속도를 오판하거나 따라가지 못해 갈등과 충돌을 빚은 일이 적지 않았다. 대체로 내가 대응한 방식은 '부모의 권위'를 이용하는 것이었다. 어찌면 성직하지 못한 방법이었는지도 모른다. 돌이켜 보건대, 부모의 권위라는 명목으로 내 상한 감정을 숨긴 채 힘을 마구 휘둘렀던 건 아니었을까? 그냥 '네 말과 태도 때문에 아빠가 마음이 상했다'고, '아빠도 상처받았다'고 말했으면 좋았을 걸! '어디서 배운 못된 본새냐'며 너무 쉽게 예의를 지키라고 권위를 내세우지는 않았던가?

유달리 피곤해서 모든 게 귀찮은 날이 있다. 그런 날에 아이들은 더 소란스럽고 말도 안 듣고 반항하는 것처럼 '느껴진다.' 참다 못해 고함을 빽 내지르면 일순간 집은 잠잠해지고 금세 분위기가 얼어붙는다. 그럴 때면 방으로 슬그머니 들어와 숨을 고르며 스스로 나무란다. 왜 좀 더 참지 못했을까. 아이들이 잘 시간은 다가오는데 나는 여전히 망설인다. 지금 이 상황에서도 책을 읽어주어야 하나.

화를 낸 자신에게 더 화가 나서 기분이 가라앉은 이런 상태로 아이들에게 책을 읽어준다는 건 여간 어색하고 괴로운 일이 아니었다. 마음은 딱딱하게 굳어 있는데 이야기책을 들고 등장인물의 목소리를 연기하는 모습을 상상해 보라. 그런데 그럴 때마다 마음이 내키지 않는다고, 아직 화가 덜 풀렸다고, 오늘은 책 읽어줄 기분이 아니라고, 온갖 이유를 대며 책읽기를 멈췄다면 지금까지 계속 이어오기란 어려웠을 것이다.

하지 않을 이유는 언제나 백만 가지

'오늘은 회사에서 너무 스트레스가 많았어.'

'지금은 컨디션이 좋지 않네. 내일 많이 읽어주면 되겠지.'

'오늘은 늦게까지 야근을 해야 하니 아무래도 어렵겠다.'

'애들이 각자 책들 읽고 있으니 마저 읽다가 그냥 자라고 해야겠네.'

'이제 혼자 잘 나이도 됐는데 이만큼 했으면 그만 해도 되지 않을까….'

앞서 얘기했듯 가족 사이에 긴장과 갈등이 있는 날이면, 마음은 얼음동굴이 되거나 분출 직전의 화산처럼 들끓는다. 그때 생각했다. 지금 내 마음이 편치 않다고 건너뛰면 내일은 건너뛸 또 다른 이유가 생길 거라고. 그러다 보면 책읽기도 흐지부지 끝나고 말 거라고. 한 번 끝나면 다시는 시작하기 어려울 거라고.

그래서 다시 마음을 다잡았다. 방문을 열고 나와 아무 일 없었다는 듯 아이들을 불렀다.

"의진 유겸, 어여 씻고 아빠랑 책 읽자."

"벌써 다 씻었어요."

"그럼 아빠가 곧 책 가지고 갈 테니까 방에 가 있어."

"네!"

여태 아빠 눈치를 살피며 내내 처져 있던 녀석들이 '책 읽자'는 한마디에 도토리를 발견한 다람쥐처럼 잽싸게 움직인다. 아이들이란 눈치 본능을 지닌 야생동물 같다. 아빠가 화가 나 있는 모습에 '오늘 책읽기는 물 건너갔구나' 싶어 일찌감치 씻고 자려던 아이들은, 아빠가 태연하게 책 읽자 하니 숭어처럼 활기차게 튀어오른다.

아무 일 없는 척했지만 아무 말 없이 넘어가지는 않았다.

"아빠가 아까 소리 지르고 화내서 미안해. 너희들이 미워서 그런 게 아니야. 오늘 하루 아빠가 피곤했는데, 너희들까지 말을 빨리 안 들어서 화가 났어. 그래도 화낸 건 아빠가 잘못한 거야. 미안하다."

이렇게 사정을 얘기하면서 사과하면 아이들 얼굴이 금세 밝아지곤 했다. 그러고 나서 책을 읽어주었다. 신기한 건, 그러다 보면 어느새 내 마음도 언제 그런 일이 있었냐는 듯이 말끔히 펴지더라는 것이다. 회사에서 있었던 힘든 일도, 집에 와서 아이들에게 신경질을 낸 일도, 자책하던 마음도 모두 스르르 풀리며 날아가 버리고 흔적도 남지 않았다. 나는 어느새 책 속 이야기에 몰입하여 긴박한 목소리로, 때로는 위태로운 톤으로, 그러다가도 밝은 톤으로 목소리 연기를 하며 잔뜩 집중하여 읽어주고 있었다.

그렇게 아이들과의 책읽기를 통해 구원이 찾아왔다. 그 시간은 내가 마음속 얼음동굴에 갇혀 있지 않게 끌어내 주었고, 분노의 용암 속에 삼켜지지 않게 건져내 주었다. 그러면 잔뜩 구겨졌던 마음의 주름이 펴지고, 어두움에 가라앉았던 기분이 빛 가운데로 다시 상승하는 것이었다.

이런 경험을 몇 번 한 뒤에는 내 기분에 따라 읽어줄까 말까 고민하지 않게 되었다. 책읽기가 아이들보다 나에게 더 이로웠기 때문이다. 그렇게 잠자리 책읽기는 빼놓을 수 없는 매일의 중요한 의례로 자리 잡아 갔다.

드물지만 때로는 아이들이 귀찮아하거나, 때론 피곤해서 그냥 자고 싶어 하는 날이 있다.

"아빠, 오늘은 그냥 책 안 읽으면 안 돼요? 소풍 갔다 왔더니 너무 졸려요…."

그러면 입장이 바뀌어 내가 사정을 하기도 한다.

"그럼 오늘은 아빠가 '쬐끔'만 읽어줄게. 자, 준비됐지? 《15소년 표류기》 세 번째 이야기…."

그래도 책읽기는 계속된다

"오늘은 그냥 자! 책 안 읽을 거야!"

그렇게 아빠가 화난 모습을 본 채 아이들이 잠든 날들도 물론 있다. 다음 날 내가 일찍 출근하면 아이들은 24시간이 지나도록 아빠가 화를 푼 모습을 보지 못할 수도 있다. 그런 날 '아이들이 본 아빠의 마지막 모습이 화를 낸 얼굴이라면?' 하는 상상을 하면, 가슴이 답답해지고 눈앞이 아득해져 왔다. 그런 날이면 어제 일에 대해 사과하거나 사정을 얘기한 뒤 다시 책을 읽어주곤 했다.

아빠는 준비가 완벽하게 되었다 하더라도 아이들이 귀 기울일 준비가 안 되어 있으면 책읽기가 벽에 부딪치기도 한다. 책읽기 예고와 동시에 취침 준비를 시키면 아이들은 남은 일을 마무리하느라 분주해진다. 5분쯤 지나면 아빠가 책을 들고 아이들 방으로 간다.

그런데 아이들이 차분히 잠자리에 누워 있지 못하고 분위기가 어수선하다. 집중할 준비가 안 되어 있다는 건, 녀석들이 할 일이 남아 있다는 의미다. 아이들에게 '남은 할 일'이라고 해 봐야 주로 잠들기 전에 하는 시시콜콜한 일들이다. 화장실 가기, 물 마시기, 머리 말리기, 가방 챙기기…. 온갖 자잘한 일로 분위기가 흐트러지면 아예 시간을 좀 더 주는 게 낫다. 빨리 재우려 조바심을 내면 꼭 소리를 지르거나 화를 내게 되어 끝이 좋지 않았다.

책을 읽어주려는데 아이들이 난데없이 영역 다툼을 벌이기도 한다. 좀 떨어져, 밀지 마, 내 이불이야, 내 베개잖아…. 지극히 아이다운 행동이지만 부모에겐 분노를 폭발시키는 자동 버튼과 같다. 피곤을 무릅쓰고 책을 읽어주려는 날에는 더 그렇다. 아빠의 분노가 터지면 그날 밤 책읽기는 시작도 못 하고 끝난다. 이런 경우에는 아예 두 아이를 떼놓고 침묵 시간을 갖게 한 뒤, 분위기가 진정되면 책을 읽어주는 게 좋다. 이런 일들 또한 한때이며 아이들이 성장하면서 서서히 줄어든다. 부모는 상황에 말려들지 말고 재빠르게 대처하는 방법을 터득할 필요가 있다.

이렇게 소소한 긴장 상황이 일상다반사로 있었지만 책읽기를 중단할 정도의 위기가 된 적은 지금껏 없다. 자장가를 불러 주듯 책 읽어주는 시간을 아이들은 즐거워했고, 그만큼 나도 행복했다. 어쩌면 아이들은 밤마다 펼쳐지는 흥미진진한 '이야기 연속극'보다 아빠가 곁에 머무는 그 시간을 좋아했는지도 모를 일이다.

6

잠자리 책읽기 Q&A

여기까지 읽은 독자라면, 이제 책을 읽어주는 방법에 대해 좀 더 구체적인 궁금증이 떠오를 법하다. 한 번에 어느 정도를 읽어야 하는지, 읽는 시간은 어느 정도가 적당한지, 효과적인 낭독 방법이 있는지, 책을 어떻게 선택하는지 등 실용적인 조언이 필요할 것이다. 그래서 이 장에서는 책 읽어주기를 결심한 독자들이 바로 활용할 수 있는 팁을 담았다. 지금까지 내가 해온 노하우를 정리한 것이긴 하지만, 아이들의 성향이나 가정 상황에 맞게 응용하거나 변용해도 좋을 것이다.

한 번에 얼마나 읽어줄까?

매일 밤 아이들 머리맡에서 책을 읽어주는 일은 그리 긴 시간을 필요로 하지 않는다. 실제로 나는 15분에서 길게는 30분 정도씩 책을 읽어주었다. 최대치가 40분 정도였다. 가족 여행에서 특별히 1시간 정도가 걸린 적도 있지만 이는 어디까지나 다음 날 등교와 출근 부담이 없는 예외적인 상황이다.

5분에서 10분 정도만 읽어준 적도 적지 않다. 시간이 너무 늦었거나 내가 몸이 좋지 않을 때가 그렇다. 아이들이 어릴 적에는 짧게 읽고 마치는 걸 서운해 한 반면, 초등 고학년 이상으로 자라서는 상황에 따라 이해해 주는 편이었다.

직접 해 보면 알게 되겠지만, 하루에 15–20분 정도의 책읽기는 부담스럽지 않게 할 만하다. 그 정도로 몸이 피곤한 적은 없었다. 매일 15분씩 한 주에 다섯 번, 한 해 동안 꾸준히 읽어준다고 할 때, 1년이면 무려 3,900분을 읽어주게 된다. 다시 환산하면 65시간이 되는데, 온전히 아이들만을 위해 곁에서 보내는 그 시간의 가치를 무엇으로 바꿀 수 있을까.

책 읽어주기를 직접 실천해 보면 시간과 분량을 너무 고민할 일은 아님을 금세 알게 될 것이다. 아이들의 연령과 읽어주는 상황, 책의 종류 등에 따라 적절히 조절하면 된다. 다시 강조하지만 중요한 건 지속성과 일관성이다. 한 번에 책을 길게 읽어주고 한동안 잊고 지내거나 문득 생각날 때 한두 번 읽어주는 것보다는, 짧게라도 꾸준히 읽어주는 게 훨씬 중요하다. 매일 밤 아빠가 곁에서 아이들을 재워 준다고 생각해 보라. "너는 아빠에게 소중한 존재란다"라는 말을 백 번 듣는 것보다, 아빠에게 자신이 소중한 존재임을 아이들 스스로 더 깊이 느끼지 않을까.

아이들을 위한 낭독 방법이 따로 있을까?

아이들을 위한 책 낭독을 건조하고 밋밋하게 할 수는 없는 일이다. 책 속 이야기에는 저마다 개성을 지닌 등장인물이 나오고 다양한 상황이 펼쳐진다. 이런 '이야기'를 공공기관 담화문이나 언론 보도 자료처럼 읽는다면 곤란하다. 목소리를 크게 하거나 외마디 소리를 지를 때도 있고, 때로는 몸짓이 따라가는 경우도 있다.

그림책《사과가 쿵!》을 예로 들면, "커다란 커어다란 사과가… 쿵!" 할 때 손바닥으로 방바닥이나 책상을 치면서 소리를 내면 아이도 신나게 따라 한다.《곰 사냥을 떠나자》를 보자. "동굴 속으로 들어가면 되잖아! 살금! 살금! 살금!"이라는 대목이 나오는데, 짐짓 목소리를 낮추고 몸짓을 해 가며 함께 읽으면 효과가 배가된다. 나는 이런 입체적 책읽기를 아내가 아이들에게 읽어주는 모습을 보면서 배웠다. 영유아용 그림책에는 "사각 사각 사각" "떼구르르 떽데굴" "바스락 바시락" 같은 소리언어(의성어)가 많이 나오는데, 이런 소리언어와 몸짓언어(의태어)가 만날 때 다양한 목소리 크기와 높낮이, 몸짓을 더하면 아이들이 더 잘 집중할 뿐 아니라, 읽어주는 사람도 흥미가 더해진다.

긴 스토리북도 마찬가지다. 다양한 대화, 격투, 위기가 고조되는 장면 등이 책갈피마다 나오는데 논문 읽듯이 낭독한다면 어떻게 될까. 전달력이 반감되고 재미도 줄어들 것이다. 그래서 나는 밤마다 '목소리 연기자'가 되어 여러 인물로 변신하며 연기를 펼쳤다. 등장인물이 많이 나오는 책은 읽다 보면 나도 헷갈려서 아이 목소리를 어른 목소리로 읽거나, 여자를 남자 목소리로 읽는 일들이 다반사였다. 또 같은 사람인데 전날에는 굵고 묵직한 목소리로 읽었다가 다음 날에는 내시처럼 가녀린 톤으로 읽기도 했다. 그러면 아이들이 귀신같이 알아챘다.

"어, 아빠, 어제랑 목소리가 다르네요. 어제는 되게 허스키한 목소리였는데 오늘은 갑자기 여리여리한 사람이 되었어요."

"아 그래? 음, 어제는 이 남자가 감기로 목이 쉬었는데 오늘은 다 나아서 그런 거야."

"에이, 그런 게 어딨어요!"

"야야, 대충 넘어가자. 하도 등장인물들이 많으니까 그 사람이 그 사람 같아서 아빠도 헷갈려. 그니까 좀 봐주라, 응?"

이쯤 되면 한바탕 웃음이 터지곤 한다.

읽어주면서 등장인물들이 가장 많이 헷갈린 책은《15소년 표류기》다. 중요한 인물이 한둘이 아니어서 목소리를 모두 다 다르게 내기란 정말 어려웠다. 게다가 십대 청소년들, 심지어 열 살이 안 된 아이들 목소리를 개성 있게 표현한다는 건 거의 불가능한 일이었다. 흐름에 맞게 웬만한 정도로만 목소리 톤을 바꿔 가며 읽을 수밖에 없었다. 읽어 가다가 목소리가 서로 뒤섞이면 섞이는 대로, 그냥 아이들과 한바탕 웃고 다시 읽어 나가면 되는 일이었다.

목소리 연기를 하는 내 나름의 기준은 있다. 몸집이 크고 우직한 성격을 지닌 인물은 굵은 목소리로 느리게 읽는다. 약삭빠르고 사악한 인물은 조금은 가랑가랑하고 가녀린 목소리에다 비웃음이 섞인 듯한 톤으로 낸다. 코믹하면서 둔하고 착한 인물은 굵은 톤으로 하되 말이 입안에서 울려나는 느낌이 나게 한다. 귀신이나 악령이 나오면 목 깊숙한 데서부터 긁는 소리를 섞어 낸다. 반듯한 성격의 주인공은 당당함과 자신감을 담은 목소리를 낸다.

이 정도로만 해도 아이들은 너그러이 받아들이고 책읽기를 즐긴다. 아빠가 책을 읽어주는 게 중요하지, 전문 성우의 발성이 필요한 것은 아니기 때문이다.

어디서 읽어주기를 끊어야 하나?

영유아용 그림책은 한 권이 대부분 짧은 이야기여서 한 번에 다 읽어줄 수 있다. 그러나 분량이 많은 스토리북은 어디쯤에서 끊어 읽어야 할지 노하우가 필요하다.

지금까지 내가 터득한 방법은, 아이들이 다음 내용을 궁금해할 만한 지점에서 자연스럽게 끊는 것이다. 15분 정도 책을 읽어가다 보면, 장면이나 상황이 바뀌거나(전환), 다른 등장인물이 등장하거나(3자 개입), 갑자기 어떤 일이 일어나는(사건 발생) 지점이 나온다. 바로 거기서 끊는다. 그러면 십중팔구 아이들의 반응이 튀어나온다.

"안 돼요!"

"아이~ 아빠, 쫌만 더요."

이렇게 비명(?)이 터져 나온다. 왜 거기서 멈추느냐는 항의다.

그럴 때 무조건 책을 냉정하게 덮어 버릴 필요도 없지만, 그렇다고 매번 "쫌만 더"에 넘어가서도 안 된다. 아이들이 많이 아쉬워하며 조를 때는 마지못해 지는 척하며 궁금해 하는 바로 그 다음 내용까지만 읽고 책을 덮었다. 그러면 아이들은 여전히 입맛을 다시며 아쉬움을 안은 채 조금 더 읽은 게 어디냐는 표정으로 물러나곤 했다. 이렇게 이어질 이야기에 대한 아쉬움은 다음 날 책 읽기에 대한 기대감이 된다.

이런 장면이 많이 나오는 장르는 모험물이나 추리물이 대표적이다. 하지만 그 어떤 유형의 스토리북이라 해도, 이야기에는 극적 요소가 있어 '라디오 연속극'처럼 분할 낭독이 가능하다.

사실 어디서 끊어야 할지에 대한 정답은 없다. 가장 적확한 답은 '읽어주는 아빠 마음' 아닐까. 낭독자가 '이제 여기쯤에서 끊어야겠다' 하는 생각이 들면, 거기서 멈춘다 한들 무슨 사달이 나겠는가. '거기'까지 읽은 만큼 아빠와 아이들이 행복하고 뿌듯했다면 그로써 족하지 않을까.

하루 분량을 다 읽었다는 생각이 들면, 마치 라디오 프로그램의 엔딩 시그널처럼 똑같은 말로 끝낸다.

"오늘은 여기까지."

한동안 계속 같은 말로 끝마치니까, 나중에는 아이들이 내 말을 따라 하거나 뒷부분을 받아치기도 할 정도였다. 아빠가 "오늘은" 하면, 아이들이 "여기까지" 하고 덧붙이는 식으로 말이다.

어떤 책을 골라야 하나?

아이들에게 '어떤' 책을 읽어주어야 하는지 고민하는 이들이 많다. 어떤 책이 아이들에게 유익할까, 연령대별로 읽어야 할 책이 있는가 하는 질문이다. 이 책 3부에 우리 아이들과 함께 읽은 책 목록을 성장 시기별로 소개하였으니 어느 정도는 참고할 수 있을 것이다.

이제까지 경험을 바탕으로 아이들을 위한 책 고르는 방법을 다음과 같이 정리해 보았다.

첫째, '학습'에 초점을 맞춘 전집류보다는 검증된 스토리북이 좋다. 학령 전 아이들을 대상으로 지능과 창의력을 키워 준다는 전집들이 시중에는 꽤 많이 나와 있다. 수십만 원에서 기백만 원에 이르는 고가의 패키지 상품이다. 아무리 좋은 책이라고 해도 아이들이 읽지 않으면 그저 '인테리어 소품' 아니면 '폐지 더미'에 지나지 않는다. 전집을 사더라도, 알차고 완성도 높은 시리즈인지 꼼꼼히 살펴보고 먼저 읽은 이들의 후기나 전문가 서평도 확인해 보아야 한다. 이렇게 하면 충동구매는 막을 수 있다. 나는 아이들이 어릴 적 한 출판사의 주니어클래식 시리즈를 전집(전 23권)으로 샀는데, 문학 고전을 완역하고 원전 삽화가 실려 있어 만족스러웠다. 아이들도 나도 즐겨 읽었을 뿐 아니라 요즘도 가끔 찾아 읽을 정도다. 물론 낱권으로 구매하여 한 권 한 권 채워 가는 재미를 누리는 것도 좋은 일이다.

둘째, 베스트셀러보다 오래 사랑받은 스테디셀러를 고르는 게 좋다. 우리나라에서 많이 쓰는 스테디셀러라는 말은 일본식 조어인데, 영미권에서는 '백리스트back lists'라는 말을 쓴다. 출판사의 출간 목록을 담은 카탈로그 맨 뒤에는 오랫동안 독자들의 사랑을 받아 온 책 목록을 따로 싣는데, 그래서 '백리스트'다. 10년, 20년 심지어 30년 넘게 꾸준히 사랑받으며 읽히는 이 책들은 세대를 거치면서 검증된 책이라 할 수 있다. 결국 이런 책들이 고전의 반열에 오르게 될 터다. 오래 읽혀 온 스테디셀러들은 5-10년 주기로 개정판을 펴내거나 다양한 파생 도서를 제작하기도 하는데, 그림책의 경우 양장본과 보드북을 따로 내거나 청소년용 시리즈물을 단권본으로 재편집하여 내기도 한다.

셋째, 지인들의 추천이나 소개를 참고한다. 이미 책을 읽은 이들의 추천은 출판사에게는 중요한 마케팅 통로가 되고 독자에게는 유용한 정보 창구가 된다. 평소에 책을 꾸준히 읽고 책에 대해 잘 아는 지인이 있다면 그이의 소개나 추천을 적극 참고하면 책을 찾느라 고민하는 시간과 품을 줄일 수 있다. 아예 생각이 잘 맞는 사람과 정기적인 책 모임을 함께 꾸리는 것도 고려할 만하다. 이러한 모임을 통해 화려한 광고에 현혹되지 않고 자기만의 소신 있는 독서 목록을 만들어갈 수 있다.

넷째, 전문 서평을 참고하는 것도 도움이 된다. 주요 일간지에는 서평가나 문화부 기자의 책 소개 기사가 '도서 기획면book section'으로 정기적으로 실리는데, 신간이나 구간 정보뿐 아니라 다양한 서평과 독서후기를 접할 수 있어 책을 선별하는 길잡이로 활용할 만하다.

다섯째, 책과 저자의 네트워크를 활용한다. 어떤 책을 읽고 좋았다면 그 책이나 저자와 연결된 다른 책이 없는지 찾아보는 방법이다. 예를 들어 올해 우리 둘째아이에게 읽어준 책 가운데《일리아드》가 있는데, 고 이윤기 선생의 번역에 컬러 삽화가 곁들여진 양장본이었다. 호메로스의 서사시《일리아드》를 소설 형식으로 개작한 작품인데, 아이가 내용에도 몰입하고 그림도 흥미롭게 보았다. 책을 다 읽어 갈 즈음, 호메로스의 다른 작품《오디세이아》가 이 편집본으로 나온 게 있나 찾아보니 바람대로 책이 있었다(이 책 제목은 '오뒷세이아'로 표기되어 있다). 꾸물거릴 이유가 없이 당장 구입하여《일리아드》의 다음 책으로 읽어주기 시작했다. 이 책 역시 아이가 재미있게 들었다. 또 다른 예로는, 아이들과 나 모두 앤서니 브라운의《돼지책》을 재미있게 읽은 후 이 작가의 다른 책들인《미술관에 간 윌리》《축구선수 윌리》《고릴라》 등을 덩달아 사서 읽었다.

여섯째, 책은 가능하면 서점에 가서 직접 보고 고르는 게 좋다. 홈쇼핑을 보다가 무슨 무슨 상을 받았다고 강조하면서 엄청난 할인까지 해준다는 말에 넘어가 충동 구매하지 않게 주의해야 한다. 설령 광고를 보고 어떤 책에 관심이 생겼다고 해도, 직접 서점에 가서 책을 보고 결정해야 후회할 일이 줄어든다. 아이들과 함께 아예 서점 나들이를 정기적으로 다니면서, 읽고 싶은 책을 직접 고르게 하는 것도 좋다. 나는 아이들이 택한 책은 웬만하면 사준다. 내가 보기에 정 아니다 싶다면 충분히 이유를 설명하고 의견을 나눈 뒤 다른 책을 고르게 한다. 앞서 수상작 얘기가 나와서 하는 말인데, 개인적으로는 책을 선택하는 결정 조건으로 삼지는 않는다. 상을 받는 책은 지극히 제한적일 수밖에 없는데, 그런 수상 스티커가 붙지 않아도 좋은 책은 얼마든지 많기 때문이다.

지금까지 책 고르기와 관련한 몇 가지 제안을 했는데, 가장 좋은 방법은 계속 책을 접하고 읽는 것이다. 그러다 보면 좋은 책을 알아보는 눈도 생기게 마련이다. 관심이 안목을 키운다는 건 책에도 적용되는 경험칙 아닐까.

만화책, 괜찮을까?

나는 어릴 때 둘째형 심부름으로 만화를 빌려 오곤 했는데, 그 덕에 한글을 쉽게 깨쳤다. 초등생 시절에 같은 반 친구 중에 책을 잘 읽지 못하는 아이가 있었다. 요즘이야 상상하기 어려운 일이지만 1970년대의 시골에서는 비교적 흔한 일이었다. 집안이 어려워 가정에서 공부에 신경 쓸 형편이 못 되는 아이들 가운데는 초등학교 저학년 내내 한글을 제대로 익히지 못하는 아이들이 있었다. 그래서 그 친구에게 내가 알려준 한글 공부 비책이 '만화책'이었는데, 놀랍게도 몇 달 후 그도 한글을 완전히 익혔다.

이런 좋은 기억이 있어서인지 나는 만화에 대한 거부감이 없다. 아니, 만화를 좋아한다. 그래서 아이들에게도 좋은 만화는 종종 사 주면서 읽기를 권장했다. 허영만 화백의《식객》이나《박시백의 조선왕조실록》, 박흥용 화백의《호두나무 왼쪽 길로》와《내 파란 세이버》, 이희재 화백의《만화 삼국지》같은 책은 일부러 소장용으로 샀다. 자폐증을 앓는 주인공 히카루의 성장 이야기를 그린《사랑하는 나의 아들아》는 장애인, 특히 자폐와 자폐아를 키우는 가족에 대한 이해와 공감을 갖게 해준 일본 만화로, 아이들과 함께 읽고 나서 주변에도 적극 추천한 책이다.

언젠가 가족 여행 기간에는 아이들 몰래《초밥왕》을 사서 여행지 숙소에서 풀었더니, 하루 일정이 끝난 저녁 이후에 온 가족이 조용히 만화를 돌려 읽는 진풍경이 연출되기도 했다. 그 여행을 기억할 때면 어김없이 그 장면이 함께 떠오른다.

만화책은 잠자리에서 읽어주지는 않았다. 시도는 해보았으나 보기 좋게 실패했다. 책 한 권을 다 읽은 어느 날, 새 책으로 넘어가기 전 징검다리용으로 만화책을 펴들었는데 그림 언어가 바탕이 되는 만화를 소리로만 들려주려니 애당초 될 일이 아니었다. 읽어주는 나도 힘들고 아이들은 재미없어 했다.

나는 만화가 훌륭한 이야기 콘텐츠라고 생각한다. 요즘 전 세계적인 인기를 끄는 마블의 어벤저스 시리즈나 DC 코믹스의 영웅물 모두 만화가 원작이다. 우리나라 출판만화 시장에서는 교육 목적의 지식이나 정보를 담은 이른바 '학습 만화'가 큰 비중을 차지하는 듯하다. 이 가운데는 인문 교양과 지식을 탁월하게 담아낸 교양 만화도 있지만, 어떤 학습 만화들은 그림체나 색채가 아쉬운 경우도 적지 않다. 그럼에도 우리 아이들이 학습 만화를 읽고 싶어 하면 굳이 말리지는 않았다. 내용이 해롭거나 편향되지 않다면, '읽는 재미'를 막을 이유는 없다고 생각해서다.

다산 정약용은 독서에 대해 "세상에 보탬이 안 되는 책을 읽을 때는 구름 가고 물 흐르듯 해도 괜찮다. 하지만 백성과 나라에 보탬이 되는 책을 읽을 때는, 단락마다 이해하고 구절마다 깊이 따져" 읽어야 한다고 썼다.* 밑줄 치며 음미하고 되새겨 가며 읽을 책

* 《다산어록청상》, 정민 엮음(푸르메), p. 126

이 있고, 술렁술렁 넘겨 가며 읽을 책이 있으니, 책에 따라 읽는 방법을 달리 하라는 얘기다. 때로는 학습 만화를 사 주면서 읽게 한 것은, 독서가 술렁술렁 넘기며 읽는 오락entertaining reading이기도 하다는 평소 생각 때문이었다.

독서가 지식과 교양을 쌓는 중요한 통로이고 영혼을 살찌우는 밑거름이라는 데 이견은 없다. 다만, 독서에 대한 엄숙주의는 자칫 독서가 주는 즐거움을 간과한 채 책읽기에 대한 부담이나 강박을 심어 주지 않을까 염려스럽다.

한 권을 다 끝낸 뒤 쉬어갈 만한 활동이 있을까?

아이들이 커 갈수록 점점 두꺼운 책을 읽어주게 되어 한 권을 끝내기까지 꽤 오랜 시간이 걸렸다. 짧게는 한 달에서 길게는 몇 달이나 걸리기도 한다.《나니아 연대기》시리즈는 한 권에 석 달 정도 걸렸으니, 일곱 권 전체 시리즈를 다 읽는 데 2년이 지나갔다. 이쯤 되면 한 권이 끝날 때마다 '책거리'를 하고 다음 책을 기대하는 계기로 삼기도 했다.

우리가 하는 책거리란 주로 '가족 극장' 이벤트였다. 가족 극장이란 거실에서 온 가족이 모여 앉아 함께 영화를 보는 시간이다. 아빠와 둘째는 간식과 음료를 사 오고, 엄마는 테이블세팅, 큰 아이는 조명과 기계 담당이다. 다 준비되면 저마다 편안한 자세로 영화에 흠뻑 빠져든다. 극장에서 봤더라도 DVD를 따로 구입해 우리만의 가족 극장에서 다시 보는 건 또 다른 재미다. 아이들이나 우리 부부 모두 이 시간을 꽤나 즐거워했다. 책 한 권을 끝낼 때마다 가졌던 이 '뒤풀이'는 꽤 오래 해 온 가족 행사다.

가족 극장 외에도 서점 나들이가 있는데, 아이들과 함께 가까운 서점으로 주말 외출을 다녀오는 일이었다. 아이들이 이 책 저 책 펴보면서 갖고 싶은 책을 직접 고르면 책을 사 주곤 했다. 이밖에도 가족이 좋아할 만한 적절한 책거리 이벤트를 계획하면 좋겠다.

책읽기와 글쓰기, 상관관계는?

우리 집 두 아이의 경우, 글쓰기를 그다지 힘들어하지는 않는다. 책도 편집하고 글도 쓰고 글쓰기 강의도 하는 내게 '아이들에게 글쓰기를 가르치는지' 묻는 이들이 있다. 나는 따로 글쓰기를 가르치지 않는다. 아이들이 자신이 쓴 글을 내게 읽어봐 달란 적은 가끔 있다. 그때 그 글에 대한 내 의견과 생각을 얘기하는데, 그게 전부다.

큰아이가 다닌 학교는 책읽기와 글쓰기가 굉장히 중요한 부분을 차지하여 매주 몇 편씩 독서 후기를 써 내야 했다. 중3인 둘째는 학교에서 글을 쓸 일이 별로 없다. 수행평가 과제로 국어나 사회 과목에서 가끔 글을 쓰는 정도다. 이렇게 수준은 다르지만, 두 아이 모두 글쓰기를 해야 할 때 별다른 어려움을 겪지 않는 건 비슷한데, 그동안의 책읽기 습관이 밑바탕에 깔려 있어서라 생각한다.

실상 주변에 글 잘 쓰는 이들 가운데 책읽기를 소홀히 하는 경우를 본 적이 없다. 책을 열심히 읽은 이들이 모두 글을 잘 쓰는지는 확언할 수 없으나, 글 잘 쓰는 이들은 하나같이 성실히 책을 읽는다는 점은 단언할 수 있다. 그런 점에서 책읽기와 글쓰기는 반드시 상관관계가 있다. 무엇보다 둘 다 언어를 다루는 일이기 때문이다. 글은 우리의 생각과 경험, 상상을 담아낸 언어로 지어 올린 건축물이고, 책은 그 건축물의 유기적인 조합이다. 언어 없이는 글도, 책도 존재할 수 없다. 책을 통해 접하는 순도 높은 문자언어는 다시 나의 입으로 나오고 글로 구현된다.

어릴 적 C. S. 루이스는 서재나 화장실, 응접실, 층계참, 침실, 옥탑방 등 집 안 구석구석에 꽂혀 있던 "한없이 많은 책들"을 보며 심심할 때면 언제든지 책을 뽑아 읽었다고 한다.* 나는 따로 시간을 내어 글쓰기를 가르치기보다는 아이들이 재미있게 읽거나 금세 빠져들 만한 책들을 선물함으로써 그들 스스로 책을 집어들고 읽을 분위기를 갖추는 데 주력했다. 좋은 책을 꾸준히 읽

* C.S. 루이스, 《예기치 못한 기쁨》(홍성사), p. 22

어나가다 보면, 좋은 문장과 표현들이 뇌리에 채곡채곡 쌓일 거라 생각했다.

먼저 생각과 뜻이 서지 않으면 좋은 글을 짓기 어렵다. 책읽기는 본질적으로 읽는 이의 생각을 자극하고 자기만의 세계를 넘어 다른 사람들과 다른 세상에 대한 이해를 북돋는다. 그러니 꾸준한 책읽기야말로 글쓰기를 위한 실제적이고도 유익한 기본기 아닐까.

<변신>
프란츠 카프카 지음, 문학동네, 2005-07-30

<주홍색 연구>
아서 코난 도일 지음, 황금가지, 2002-02-05

3. 우리가 함께 읽은 책들

<나니아 연대기>
C. S. 루이스 지음, 시공주니어, 2005-11-05

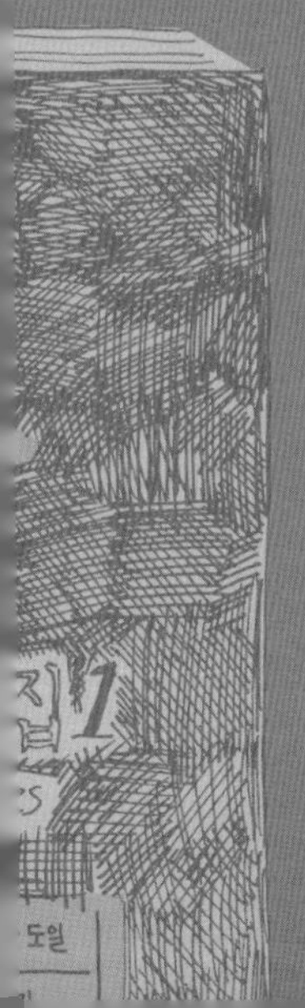

10년 넘게 책을 읽어주었다고 해서 그 양이 아주 많은 것은 아니다. 하루 15-20분 정도의 시간, 더욱이 낭독을 통한 읽기였기에 그렇다. 중요한 건 결국 양보다 질이다.

아이들과 함께 읽은 책을 목록으로 정리하여 소개하는 일이 처음에는 망설여졌다. 우리 가족의 취향이 반영된 주관적인 목록일 것이기 때문이다. 그럼에도 워낙 많은 책이 쏟아져 나오는 요즘, 나이에 따라 어떤 책을 골라야 할지, 아이들이 어떤 책을 좋아할지, 유익하고도 재미있는 책을 어떻게 찾을지 막막해 하는 이들을 위해 참고가 된다면 소개할 만하겠다는 생각이 들었다. 그래서 우리 아이들과 재미있게 읽은 책을 성장 연령별로 뽑고, 간단한 후기를 붙여 소개하려 한다.

여기서 소개하는 책들은 우리 가족을 위한 '맞춤형 목록'이므로 독자들도 각자의 목록을 다양하고 자유롭게 채워 가기를 바란다. 아이들의 특성에 따라 좋아하는 책이 달라서, 어떤 아이는 즐겨 읽는 책을 다른 아이는 별로 재미없어 하는 경우도 있기 때문이다.

연령 구분 또한 우리 아이들을 기준으로 나눈 것이어서 여기에 얽매일 필요는 없다. 개인적으로는 나이별로 구간을 잘라서 추천 도서를 정하는 일이 바람직한지 의문이다. 실제로 우리 아이들과 함께 읽은 책을 보면, 연령대를 크게 고려하지 않고 선택한 것들이 많다. 이를 테면, (어린이용 편집본이 아닌) 완역본 셜록 홈즈 시리즈가 초등학생 추천 도서 목록에 들어 있을지 의문이다. 새 책을 읽기 전 징검다리용으로 읽은 《하루를 살아도 행복하게》라는 책도 있다. 안셀름 그륀 신부의 인생 잠언집인데, 평소 내가 좋아하는 소설가의 글에 소개되어 있어서 사 읽었던 책이다. 이렇듯 아이들의 독서 수준이나 선호도만으로 책을 선택하기보다는, 아빠가 읽어주고 싶은 책, 같이 읽고 싶은 책을 선택하기도 했다.*

소개한 책 가운데 글밥이 많고 두꺼운 책들은, 언제 시작해서 언제 완독했는지 읽은 기간을 표시했다. 나는 책을 읽을 때 면지에 시작일을 적고, 다 읽은 뒤 같은 위치에 완독 날짜와 장소를 적어두는 습관이 있는데, 아이들과 함께 읽은 책에도 대부분 그렇게 해왔다.

몇 가지 더 밝혀둘 게 있다. 여기 소개한 목록이 모두 잠자리에서 읽어준 책은 아니다. 밤낮 무관하게 짬 날 때 읽어준 책도 있고, 아이들이 스스로 읽은 책도 있다. 미취학 시기에 추천하는 책들은 아내의 책 고르는 안목을 통해 도움을 받았다. 아울러 목록 가운데 절판되었거나 앞으로 절판될 책들이 있을 수 있는데, 도서관이나 중고서점을 통해 어렵잖게 구해 읽을 수 있다. 절판된 책이 개정판으로 다시 나오는 경우도 있다.

* 좀 더 객관적인 목록을 원한다면, 사단법인 어린이도서연구회가 해마다 발표해온 〈어린이·청소년 책 목록〉을 참고할 만하다. 2005년 〈어린이도서관 목록〉을 발표한 이래, 2009년부터 별도의 '목록 위원회'를 상설기구로 꾸려 해마다 발표해 온 이 단체의 목록은 분야별로 꽤 알차 보인다. 단체 누리집 www.childbook.org에서 내려받을 수 있다.

1

영아기(0-3세)

이 시기에 우리 아이들은 어떤 책을 읽어주건, 내용을 알아듣거나 말거나 귀를 잘 기울였던 것으로 기억한다. 아빠가 품에 안거나 무릎에 앉힌 채 책을 수런수런 읽어주면 제법 귀를 쫑긋 세우고 몰입했다. 그림동화, 촉감책, 팝업북 그 무엇이든 아빠가 보여주고 읽어주는 그 시간 자체를 행복해 했던 것 같다. 특히, 소리 언어(의성어)를 리듬을 살려 읽어주면 아이들이 무척 신나 했다. 몸짓 언어(의태어)가 나올 때 그대로 흉내 내며 읽어주면 아이들도 아빠를 따라하면서 까르르 웃음보를 터뜨리며 즐거워했다.

곰 사냥을 떠나자

마이클 로젠 글/ 헬렌 옥슨버리 그림 / 공경희 옮김 / 시공주니어

아이들 키우는 집치고 이 책 없는 집이 얼마나 될까. 라임에 맞춰 읽도록 번역한 번역가의 공을 높이 사고 싶다. 그림도 정말 좋지만, 운율에 맞춰 옮긴 문장을 읽노라면 절로 리듬이 생겨나서 흥

이 난다. 몇 번만 읽어주다 보면 말을 하기 시작한 아이라면 어느새 리듬을 넣어 따라 읽고 있을 것이다.

사과가 쿵!

다다 히로시 글·그림 / 정근 옮김 / 보림

큰아이 때 하도 보고 또 봐서 나중엔 책이 닳아 속지가 거의 다 떨어지고 말았다. 둘째아이 때는 크기를 줄이고 좀 더 단단하게 만든 보드북이 나와서 다시 사서 읽고 또 읽었다. 수채화 풍의 그림도 좋지만, 거인 나라에서 따 왔을 법한 초대형 사과 하나를 개미, 너구리, 사자 등 여러 동물들이 돌아가며 사이좋게 나눠 먹는다는 스토리가 참 좋다. 사각사각, 야금야금, 우적우적 등 소리언어를 읽어줄 때 아이들이 신나 한다. 다함께 사과를 파 먹었을 때 비가 내리고 '뼈'만 남아 우산 모양이 된 사과 아래 동물친구들이 함께 비를 피하는 엔딩 컷은 지금까지도 눈에 생생하다.

누가 내 머리에 똥 쌌어?

베르너 홀츠바르트 글 / 볼프 예를브루흐 그림 / 사계절

무척 기이한 일이라 생각하는데, '똥' 이야기만 꺼내면 (내가 여지껏 만난) 모든 아이들은 즐거워한다. 배를 잡고 떼굴떼굴 구르기까지 한다. 어느 날 굴 바깥으로 얼굴을 내민 두더지 머리 위에 똥 폭탄이 쏟아지는데, 이 책은 똥 눈 '범인'을 찾아다니는 두더지의 추리 수사물(?)인 셈이다. 두더지가 만나는 동물마다 직접 똥을 눠 자기가 범인이 아님을 증명하는데, 과연 범인이 누구일지 추적하다 보면 동물마다 배설물이 어떻게 다른지 자연스럽게 배워 가게 된다. 책표지에 나오는, 터번 모양의 '똥 모자'를 둘러쓴 두더지 그림은 몇 번을 봐도 웃음을 자아낸다. 실은, 처음 책 표지를 보았을 때는 진짜 터번을 쓴 두더지 그림인 줄 알았다!

우리 순이 어디 가니

윤구병 글 / 이태수 그림 / 보리

파스텔 느낌으로 봄 기운을 담은 그림 속에 풍경과 등장인물이 잘 어우러진 책이다. 엄마 따라 밭에 나가는 길에 다람쥐, 들쥐 같은 동물들이 말을 건네고 아이는 수줍은 듯 새초롬하게 바라보는 모습이 생생하게 잘 표현되어 있다. 우리네 시골 풍경을 그려낸

그림을 보며 우리 아이들은 순이에게 말을 거는 동물들 찾는 재미를 즐겼다.

나랑 놀아 줄래?

조은수 글·그림 / 국민서관

집 안팎에 있는 흔한 사물 이름을 친근한 대화체 문장으로 익힐 수 있는 유아 그림책이다. 둘째아이가 세 살 때 처음으로 (외워서!) 읽은 책이다. "주전자야, 나랑 놀아 줄래?" "안 돼, 물을 흘릴지도 몰라." "수건아, 나랑 놀아 줄래?" "안 돼, 나는 얌전히 걸려 있어야 하거든." 이런 대화문을 몇 차례 읽어주다 보면, 머지않아 아이가 외워서 읽는 일이 일어날지도 모른다.

누구야 누구

심조원 글 / 권혁도 그림 / 보리

한국적인 세밀화 풍의 동물 그림이 눈을 말갛게 씻겨주는 느낌이

들 정도로 좋다. 3-4조 운율에 맞춘 동물들의 울음소리(의성어)와 몸짓언어(의태어)로 이뤄진 글은 리듬을 살려 읽으면 저절로 흥겨워진다. 페이지마다 바로 뒤에 등장하는 동물의 꼬리가 숨은그림찾기처럼 나와 있어 그 꼬리의 주인을 찾아보고 싶은 마음에 아이들이 책장을 얼른 넘기고 싶어 한다.

나 졸려!

크리스틴 다브니에 글·그림 / 최정수 옮김 / 문학동네

여덟 달이나 겨울잠을 자는, 다람쥐과 동물 마못의 '조용한 잠자리 찾아가기' 소동을 앙증맞게 그려낸 책이다. 주인공인 아기 마못 소피의 신경질적인 표정과, 곁에서 울어 대는 동물들의 무신경한 듯한 모습이 재미있게 어우러져 있다. 그림만 봐도 저절로 웃음이 나온다. 둘째아이가 어릴 때 하도 열심히 읽어서 책장이 거의 분해된 수준이다.

엄마 심부름

채인선 글 / 권사우 그림 / 시공주니어

세밀화 느낌의 순도 높은 그림이 눈길을 끌고, 리듬감 있게 되풀이되는 우리말 대화가 귀에 쏙쏙 들어오는 책이다. 둘째아이가 특히 좋아한 책으로, "아뇨, 못 봤는데요"라는 주인공의 대답을 마치 성대모사 하듯 말하곤 했다. 그래서 책을 읽을 때마다 아내와 함께 한바탕 웃음을 터뜨렸었다. 엄마 심부름 가는 아이 뒤를 따라 나선 동물들이 멀찌감치 숨은 장면들이 무척 재미있다.

아기 오리는 어디로 갔을까요?

낸시 태퍼리 글·그림 / 박상희 옮김 / 비룡소

두 아이 모두 영아기 시절 무척 좋아하던 책이다. 이른 아침 아기 오리 한 마리가 저 혼자 둥지를 벗어나 연못을 헤엄쳐 간 뒤, 엄마 오리가 아기 오리를 찾아 헤매는 이야기다. 맑고 정겨운 그림은 보고 또 봐도 질리지 않는다. 둥지를 벗어난 아기 오리를 숨은그림찾기 하면서 찾아내는 걸 아이들이 무척 좋아했던 책으로, 나중엔 원서까지 사서 읽어주었을 정도다.

강아지똥

권정생 글 / 정승각 그림 / 길벗어린이

세상에서 보잘것없고 하찮은, 눈길조차 끌지 않는 강아지똥이 땅 속에 스며들어 민들레꽃을 피워 올린다는, 그리하여 온 누리에 생명을 퍼뜨린다는 울림 깊은 이야기다. 이 책을 읽어줄 때 아이들이 대체로 진지한 표정으로 책을 보면서 귀를 기울이던 모습이 기억난다. 애니메이션으로 제작되어 나왔을 때 얼른 사서 아이들에게 보여줬는데 역시나 재미있게 즐기기보다는 진지하게 감상(?)하는 쪽이었는데, 지금 생각해 보면 책에 담긴 메시지가 이 시기 우리 아이들에게는 조금 무거웠는지도 모르겠다.

더 읽을 책들

- 열두 띠 동물 까꿍 놀이
  최숙희 글·그림 / 보림
- 달님 안녕
  하야시 아키코 글·그림 / 이영준 옮김 / 한림출판사
- 손이 나왔네
  하야시 아키코 글·그림 / 이영준 옮김 / 한림출판사
- 응가하자, 끙끙
  최민오 글·그림 / 보림
- 심심해서 그랬어
  윤구병 글 / 이태수 그림 / 보리
- 우리끼리 가자
  윤구병 글 / 이태수 그림 / 보리
- 바빠요 바빠
  윤구병 지음 / 이태수 그림 / 보리
- 무지개 물고기
  마르쿠스 피스터 글·그림 / 공경희 옮김 / 시공주니어
- 세밀화로 그린 보리 아기 그림책 1-10
  이태수 외 지음 / 보리
- 구름빵
  백희나 글·그림 / 한솔수북
- 괴물들이 사는 나라
  모리스 샌닥 글·그림 / 강무홍 옮김 / 시공주니어
- 낮잠 자는 집
  오드리 우드 글 / 돈 우드 그림 / 조숙은 옮김 / 보림
- 우리 아빠가 최고야
  앤서니 브라운 글·그림 / 최윤정 옮김 / 킨더랜드
- 고릴라
  앤서니 브라운 글·그림 / 장은수 옮김 / 비룡소
- 지각대장 존
  존 버닝햄 글·그림 / 박상희 옮김 / 비룡소

2

유아기(4-7세)

이 시기에 두 아이는 엄마와 함께 책을 읽으면서 자연스레 글을 터득했다. 혼자 그림책을 읽고 즐길 줄도 알게 되었는데, 그럼에도 엄마나 아빠가 읽어주는 걸 훨씬 더 좋아했다.《그림 형제가 들려주는 독일 옛이야기》처럼 이전에 비하면 글밥이 많은 책을 혼자 읽었을 뿐 아니라, 분량이 많은 책을 읽어주어도 지루해 하지 않고 집중해서 귀를 기울였다.

돼지책

앤서니 브라운 글·그림 / 허은미 옮김 / 웅진주니어

책을 다 읽고 나서 표지 그림(아빠와 두 아들을 한꺼번에 업고 서 있는 엄마)을 다시 보면 전율이 일 정도로 충격적으로 다가온다. 집 안에서 아무것도 하지 않고 '엄마' '아줌마'를 수시로 불러 대던 세 남자가 어느 시점부터 돼지로 변하는 장면이 압권이다. 결국 엄마는 집을 나가고 '돼지 셋'만 남은 집은 점점 더 돼지우리가 되어 가는

데…. 마침내 엄마가 돌아오고 그때부터 세 남자는 집안일을 스스로 알아서 해 나간다. 간결하고 흥미로운 스토리에 영화 스틸컷 같은 그림이 오래 기억에 남는 책으로, 어쩌면 아이들보다 아빠들이 꼭 먼저 읽었으면 좋겠다.

저만 알던 거인

오스카 와일드 지음 / 장성란 그림 / 이미림 옮김 / 분도출판사

아일랜드 작가 오스카 와일드의 동화로, 예상치 못한 반전이 있는 이야기여서 다 읽고 나서 멍해진 적이 있다. 정원에서 뛰놀던 아이들을 쫓아낸 거인이 높은 담을 쌓고 '출입금지' 팻말을 써 붙인 뒤 아이들의 발걸음이 사라지자 정원에는 더 이상 봄이 찾아오지 않는다. 자기만 알고 더불어 살아가는 법을 모르는 거인의 정원에는 오로지 겨울 바람과 서리, 눈과 우박만 일 년 내내 쏟아진다. 결국 거인은 자기가 소중히 여기는 것(정원)을 이웃(아이들)과 함께 나눌 때 비로소 겨울이 물러가고 봄이 다시 찾아오게 됨을 깨닫는다. 어른이 읽어도 좋은 이 우화는, 몇몇 출판사에서 "거인의 정원"이란 제목으로 번역 출간한 편집본도 있다. 우리 아이들은 내용뿐 아니라 이 책에 실린 그림도 무척 좋아했다.

티코와 황금날개

레오 리오니 지음 / 김영무 옮김 / 분도출판사

《저만 알던 거인》과 함께 읽어준 그림 우화로, 날지 못하던 작은 새 티코의 자전적 고백을 담은 책이다. 어느 날 소망의 새가 나타나 티코는 황금날개를 얻고 날 수 있게 된다. 그 뒤 자기 날개의 황금 깃털로 어려움에 처한 사람들을 도와준다. 황금 깃털을 다 나누어주고 친구들과 같은 까만 날개를 가진 평범한 새로 돌아가지만, 티코에게는 결코 사라지지 않는 황금빛 추억의 시간들이 남아 있다. 그림 작가가 누구인지 책에는 표기되어 있지 않지만, 그림이 정말 마음에 들었던 책.

도서관에 간 사자

미셸 누드슨 글 / 케빈 호크스 그림 / 홍연미 옮김 / 웅진주니어

어느 날 수사자 한 마리가 도서관에 나타난다면 어떤 일이 생길까? 이 책을 읽다 보면 초원의 사자가 동물원보다는 도서관에 훨씬 잘 어울리는 동물이라는 사실에 깜짝 놀라게 될 것이다. 낯선 존재의 등장에 아이들과 사람들은 긴장하지만 얼마 지나지 않아 사자는 좋은 책읽기 도우미이자 도서관에 꼭 필요한 존재가 된다. 도서관에서는 절대 소리를 지르거나 뛰면 안 된다는 규칙을 신조

로 삼은 엄격한 도서관장이 도서관을 떠난 사자를 내내 기다리다 스스로 규칙을 어기고 사자를 만나러 뛰어가는 장면이 무척 인상적이다. 따뜻한 상상력이 가져다주는 예기치 않은 즐거움과 재미가 넘치는 책이다.

원숭이의 낚시

우에사와 겐지 원작 / 하세가와 세스코 글 / 오시마 에이타로 그림 / 유문조 옮김 / 웅진닷컴

원숭이 한 마리가 산에서 내려와 낚싯대를 메고 바다로 가는 것이 이야기의 시작이다. 곧이어 낚시를 하는데 커다란 문어가 걸려들면서 낚시는 육지팀과 바다팀의 줄다리기 시합으로 뒤바뀐다. 막판에는 호랑이와 상어까지 가세하여 팽팽한 승부가 끝날 줄 모르고 이어지는데, 이 대혈전(?)은 전혀 예기치 못한 존재의 갑작스런 개입으로 어이없게 막을 내린다. 실제 줄다리기 시합을 하는 것처럼 "영차 영차" "이영차 이영차" 소리내어 읽으면 아이들도 마치 자기가 줄다리기 선수가 되기라도 한 듯 큰소리로 따라하곤 했다. (중고도서로 구입한 이 책은 '웅진 마술피리' 그림책 시리즈 중 한 권이다.)

도서관 생쥐

다니엘 커크 글·그림 / 신유선 옮김 / 푸른날개

도서관에 사는 생쥐 샘은 모두들 집에 돌아간 한밤중에 온갖 종류의 책을 두루 섭렵하여 마침내 책을 쓴다. 그리고 자기가 쓴 자그마한 책을 서가에 꽂아놓는데, 쓴 책마다 아이들에게 화제가 된다. 아이들은 책을 쓴 작가를 만나고 싶어 하고 마침내 도서관에서는 '작가와의 만남' 시간을 희망한다는 벽보를 써 붙인다. 그 벽보를 읽은 샘은 한 가지 묘책을 떠올린다. 《도서관에 간 사자》와 함께 아이들이 무척 좋아한 책이다.

퀼트 할머니의 선물

제프 브럼보 글 / 게일 드 마켄 그림 / 양혜원 옮김 / 홍성사

화려한 색감의 수채화풍 그림을 보는 것만으로도 기분이 좋아지는 책으로, 어쩌면 아이들보다 아빠가 더 좋아한 책일지도 모르겠다. 온갖 선물을 받아 모으기를 좋아하는 욕심쟁이 왕이 세상에서 가장 아름다운 퀼트를 만드는 할머니에게 '나눔의 행복'을 배워 가장 가난한 왕이 된다는 이야기. 유치원 또래 아이들에게는 글밥이 많은 편에 속하는데, 그림 한 편 한 편에 담긴 캐릭터와 선물 등을 숨은그림찾기 하듯이 찾아보는 재미가 있다. 자기

소유물을 아이들과 가난한 백성들에게 다 나누어 준 뒤, 왕은 자신이 앉던 왕좌가 퀼트 짜기에 더없이 편하다면서 퀼트 할머니에게 준다.

그림 형제가 들려주는 독일 옛이야기

그림 형제 글 / 진재혁 옮김 / 최나미·윤정주·이현정 그림 / 웅진닷컴

독일 근대문학의 창시자라 불리는 야콥 그림, 빌헬름 그림 형제가 모으고 다듬어 펴낸 독일 옛이야기 여덟 편을 묶은 책이다. 하루에 한 편이나 이틀에 한 편씩 아이들에게 읽어주면서, 강렬하고 눈길을 끄는 삽화를 함께 보여 주면 아이들이 좋아하며 즐겨 들었다. 늑대와 일곱 마리 아기 염소, 개구리 왕자, 라푼젤, 룸펠슈틸츠헨, 백설공주 등 널리 알려진 옛 동화들인데도 새롭게 알게 되는 장면이 나와 '읽어주는 재미' 또한 쏠쏠했던 책이다.

더 읽을 책들

- **우렁 각시**
  한성옥 글·그림 / 보림
- **반쪽이**
  이미애 글 / 이억배 그림 / 보림
- **잠들 때 들려 주는 이야기**
  데비 글리오리 글·그림 / 허은실 옮김 / 예림당
- **퉁명스러운 무당벌레**
  에릭 칼 글·그림 / 엄혜숙 옮김 / 몬테소리
- **멍멍 의사 선생님**
  배빗 콜 지음 / 박찬순 옮김 / 보림
- **티나와 오케스트라**
  마르코 짐자 글 / 빈프리트 오프게누르트 그림 / 최경은 옮김 / 비룡소
- **빙산 루리와 함께 북극에서 남극까지**
  타카마도 히사코 지음 / 아스카 와라베 그림 / 박매영 옮김 / 문학동네어린이
- **좋은 느낌 싫은 느낌**
  안도 유기 글·그림 / 정근 옮김 / 사파리
- **하늘에서 음식이 내린다면**
  쥬디 바레트 글 / 론 바레트 그림 / 홍연미 옮김 / 토토북
- **난 병이 난 게 아니야**
  카도노 에이코 글 / 다루이시 마코 그림 / 엄기원 옮김 / 한림출판사
- **엘리베이터 여행**
  파울 마르 글 / 니콜라우스 하이델바흐 그림 / 김경연 옮김 / 풀빛
- **화가 나는 건 당연해!**
  미셸린느 먼디 글 / R. W. 앨리 그림 / 노은정 옮김 / 비룡소
- **동생이 태어날 거야**
  존 버닝햄 글 / 헬린 옥슨버리 그림 / 홍연미 옮김 / 웅진주니어
- **파랑이와 노랑이**
  레오 리오니 글·그림 / 이경혜 옮김 / 파랑새어린이

• 미술관 여행

제임스 메이휴 글·그림 / 사과나무 옮김 / 크레용하우스

• 아프리카에도 곰이 있을까요?

이치카와 사토미 글·그림 / 사과나무 옮김 / 크레용하우스

3

초등학생 시기 (8-13세)

아이들이 점점 더 자라갈수록 읽어주는 책은 글밥이 더 많아지고, 책 한 권을 다 읽는 기간 또한 자연히 늘어났다. 재미있는 이야기책이라면 분량이 많거나 낯설고 어려운 단어가 나와도 책 속 '이야기'를 즐기고 이해하는 데는 어려움이 없었다. 그래서인지 초등학생 이후부터 읽어준 책들은 중학생이 되어 읽은 책과 크게 차이가 나지 않는다. 이 시기의 '더 읽을 책들' 목록에는 개인적으로 추천하는 만화책도 포함했다. 분량이 긴 책이라 독서 계획에 참고할 수 있도록 읽어준 기간을 함께 적었다.

나니아 연대기 (전7권)

1. 마법사의 조카 2. 사자와 마녀와 옷장 3. 캐스피언 왕자
4. 새벽출정호의 항해 5. 말과 소년 6. 은의자 7. 마지막 전투

C. S. 루이스 지음 / 폴린 베인즈 그림 / 햇살과나무꾼 옮김 / 시공주니어

*2007년 1월-2009년 5월

세계 3대 판타지 소설 가운데 하나로 꼽히는 작품으로, 어찌 보면 아이들에게 이 책 일곱 권을 읽어주고 싶어서 잠자리 낭독을 시작했는지도 모를 일이다. 작가에 대한 아빠의 개인적인 흠모(를 넘어 '숭모')의 마음이 아이들에게도 전해졌는지, 아이들은 "오늘은 여기까지"를 말하면 "안 돼!" "쫌만 더요!"를 외치곤 했다. 가상의 세계 나니아의 탄생과 멸망에 이르기까지의 연대기를 배경으로 한 이 연작 소설은, 우리 세계의 십대들이 옷장이나 액자, 반지 등을 통해 '이끌려' 들어간 나니아에서 온갖 모험과 위기를 헤쳐 나가는 이야기다. 지금까지 《사자와 마녀와 옷장》《캐스피언 왕자》《새벽출정호의 항해》가 영화로 나왔는데, 《은의자》도 오래 전부터 개봉을 기다리는 중이다. 큰아이는 '잠자리 책읽기에서 읽은 최고의 책' 중

하나로 꼽았으며, 둘째도 기억에 남을 만큼 재미있게 읽은 책으로 꼽았다.

버드나무에 부는 바람

케네스 그레이엄 지음 / 어니스트 하워드 쉐퍼드 그림 / 신수진 옮김 / 시공주니어

*2009년 5월-2009년 10월

작가가 시력이 약한 아들을 위해 쓴 작품으로, 주인공인 두꺼비 토드와 물쥐 래트, 오소리 배저, 두더지 모울이 펼치는 우정 가득한 이야기가 읽는 이의 마음을 따뜻하게 한다. 동물친구들의 소소하면서도 평화로운 일상이 마치 눈앞에서 펼쳐지는 것처럼 표현되어 있다. 펜화 느낌의 삽화가 정말 매력적인 책으로, 이 책의 제목을 떠올리면 지금도 평화로운 시골 풍경과 함께 버드나무 가지를 흔들고 지나가는 바람 한 줄기가 느껴지는 듯하다. 큰아이와 함께 둘째도 '잠자리 책읽기에서 읽은 최고의 책' 중 하나로 꼽았다.

톰 소여의 모험

마크 트웨인 글 / 도널드 매케이 그림 / 지혜연 옮김 / 시공주니어

*2009년 10월-2010년 3월

이모와 사는 고아 '개구쟁이' 톰 소여와 술주정뱅이의 아들인 '거리의 아이' 허클베리 핀이 만나 미시시피 강변을 탐험하고 어마어마한 금화를 찾아내기도 하는, 흥미진진한 모험 이야기다. 둘이 함께 살인 현장을 목격하고 진범을 붙잡기 위해 아슬아슬 손에 땀을 쥐는 활극을 펼치기도 한다. 우리 아이들은 톰과 허크가 살인범을 맞닥뜨리거나 그에게 쫓기는 상황이 벌어질 때마다 오금이 저린듯 잔뜩 긴장하여 이불을 그러쥐곤 했다.

우산 타고 날아온 메리 포핀스 / 뒤죽박죽 공원의 메리 포핀스

파멜라 린든 트래버스 글 / 메리 쉐퍼드 그림 / 우순교 옮김 / 시공주니어

*2010년 4월-2011년 3월

뱅크스 씨 집에서 일하는 메리 포핀스는 신기한 능력을 두루 지닌 인물로, 까칠함과 불친절과 신경질까지 장착한 독특한 캐릭터를 지녔다. 그럼에도 뱅크스 씨 아이들은 메리를 무척 좋아하는데, 이유는 아이들의 일상을 환상의 세계로 뒤바꾸는 마법을 부리기 때문이다. 딸아이가 '잠자리에서 읽은 최고의 책 베스트3'

가운데 하나로 꼽았는데, 정작 둘째아이는 그다지 흥미롭게 읽지는 않았던 책으로 기억한다. 영화 또한 두 아이의 반응이 달라서, 〈메리 포핀스〉 DVD는 딸이 애장품으로 아끼는 영화인 반면, 둘째는 누나만큼 좋아하지는 않았다.

둘리틀 선생의 바다 여행

휴 로프팅 글 / 소냐 라무트 그림 / 햇살과나무꾼 옮김 / 시공주니어

*2011년 3월-2011년 8월

자연을 사랑하고 동물들의 언어를 이해하는 박물학자 둘리틀 선생의 모험 이야기를 담은 책. 다섯 달 동안 밤마다 우리는 둘리틀과 함께 유쾌하고 신비로운 여행을 다녀왔다. 둘리틀과 꼬마 조수 토미, 둘리틀과 함께 사는 앵무새 폴리네시아 일행이 바다 곳곳을 여행하면서 겪는 모험담이 흥미진진하게 펼쳐진다. 다만 물고기나 조개의 대화를 소리내어 읽어주는 일은 적잖이 곤혹스러웠던 기억이 난다. 자연의 모든 존재를 존중하는 둘리틀의 인격적인 모습이 따스하게 다가온다.

15소년 표류기

쥘 베른 지음 / 레옹 브네 그림 / 김윤진 옮김 / 비룡소

*2011년 8월-2012년 4월

뉴질랜드 어느 기숙학교 학생 열넷, 견습 선원인 흑인 소년 한 명까지 합쳐 모두 열다섯 명의 십대가 탄 배가 조난을 당하는 사고가 발생한다. 설상가상으로 폭풍우까지 몰아쳐 배는 난파 직전까지 간다. 이들은 가까스로 한 섬에 도착하는데, 구조의 시작이 아니라 본격적인 표류의 시작이다. 아이들은 배에 실린 여러 가지 생필품과 총기류 등을 챙겨 생존에 필요한 터잡기를 한걸음씩 해나간다. 열다섯 명의 십대들에게 가장 위험한 적은 내부에 있다. 바로 리더십 문제와 서로간의 불신과 갈등으로 인한 분열이다. 아이들은 섬에서 생존하기 위해 여러 난관을 헤쳐 나가고 서로를 이해하며 깊은 우정을 쌓아 간다. 둘째아이가 가장 기억에 남는다고 꼽은 책 중 하나.

세드릭 이야기

프랜시스 호지슨 버넷 글 / 찰스 에드먼드 브록 그림 / 햇살과나무꾼 옮김 / 시공주니어

*2012년 4월-2012년 8월

흔히 '소공자'로 알려진 바로 그 이야기로, 평범한 미국인 가정의

한 소년이 영국의 명문 백작 가문의 후계자가 된다는 일종의 신데렐라 스토리다. 냉혹하고 괴팍한 귀족으로 알려진 도린코트 폰틀로이 백작이 오래 전 내쫓다시피한 아들 에롤 대위의 혈육 세드릭을 만난 이후 점점 변화되는 모습이 그려져 있다. 할아버지 폰틀로이 경을 변화시킨 세드릭의 캐릭터는 폰틀로이뿐 아니라 우리 아이들에게도 상당히 매력 있게 받아들여진 듯하다.

이상한 나라의 앨리스 / 거울 나라의 앨리스

루이스 캐럴 글 / 존 테니엘 그림 / 손영미 옮김 / 시공주니어

*2012년 8월-2013년 3월

7개월여에 걸쳐 읽은 앨리스 2부작은 딸아이가 특히 삽화를 좋아했던 책이다. 삽화가 존 테니엘은 흥미로우면서도 기괴한 등장인물들을 절묘하게 묘사했는데, 때로 아이들이 '깜놀' 하며 인상을 찌푸리기도 했다. 이우일 작가의 삽화를 수록한《이상한 나라의 앨리스》(이레)를 헌책방에서 발견하여 딸아이에게 사주었더니 이 책 또한 매우 반겼으며 애장본으로 지니고 있다. 2016년에 영화 〈거울 나라의 앨리스〉가 개봉했는데, 이 영화를 본 둘째아이는 영상이 좀 '쎄다'면서 그다지 재미있어 하지는 않았다.

피터 팬

제임스 매튜 베리 글 / 메이블 루시 애트웰 그림 / 김영선 옮김 / 시공주니어

*2013년 4월-2013년 6월

책을 읽지 않은 사람은 있어도, 피터 팬을 모르는 사람은 없을 것이다. 우리 아이들도 등장인물과 줄거리를 웬만큼 다 아는 이야기임에도, 읽는 내내 다음 장면과 사건을 궁금해 하면서 흥미롭게 읽었던 책이다. 그만큼 읽는(듣는) 이를 흥미롭게 하고 가슴 졸이게 하는 매력이 있는 책이다. 둘째아이는 피터 팬 이야기를 기억에 남은 책 가운데 하나로 꼽았다.

더 읽을 책들

• 우렁 각시

한성옥 글·그림 / 보림

• 늑대왕 핫산

백승남 지음 / 유진희 그림 / 낮은산

• 마당을 나온 암탉

황선미 지음 / 김환영 그림 / 사계절

• 책과 노니는 집

이영서 지음 / 김동성 그림 / 문학동네어린이

• 엄마 없는 날

이원수 지음 / 권문희 외 그림 / 웅진주니어

• 책으로 집을 지은 악어

양태석 글 / 원혜진 그림 / 주니어김영사

• 내 친구에게 생긴 일

미라 로베 지음 / 박혜선 그림 / 김세은 옮김 / 크레용하우스

• 라스무스와 방랑자

아스트리드 린드그렌 지음 / 호르스트 렘케 그림 / 문성원 옮김 / 시공주니어

• 창가의 토토

구로야나기 테츠코 지음 / 이와사키 치히로 그림 / 김난주 옮김 / 프로메테우스

• 최열 아저씨의 지구촌 환경 이야기 1-2

최열 지음 / 노희성 그림 / 청년사

• 유기동물에 관한 슬픈 보고서

고다마 사에 지음 / 박소영 옮김 / 책공장더불어

• 바보 이반의 이야기

레프 톨스토이 지음 / 이상권 그림 / 이종진 옮김 / 창비

• 피터 히스토리아 1-2

교육공동체 나다 지음 / 송동근 그림 / 북인더갭

• 태일이 1-5

박태옥 글 / 최호철 그림 / 돌베개

• 아스테릭스 1-34

르네 고시니 글 / 알베르 우데르조 그림 / 오영주·성기완 옮김 / 문학과지성사

4

청소년 시기(14-19세)

청소년 시기에 읽어준 책은 초등생 시기와 장르나 분량 면에서 별 차이가 없다. 대체로 문학서를 함께 읽었는데, 대다수 완역본이었지만 더러는 고전이나 신화를 새로 쓴 편저도 있었다. 초등생 시절과 다른 점은, 읽어주는 시간대가 좀 더 늦어졌다는 점과 아이들이 책 내용에 대해 갑작스레 질문을 던지고 그에 답해 주는 일들이 잦아졌다는 정도다. 이른바 '중2병'이 도지는 시기를 두 아이 다 거치면서도 아빠와 함께하는 책읽기 시간을 마다한 경우는 없었다. 지금 생각하면, 그게 참 고맙고 신기하기도 하다.

이제 중학교를 졸업한 둘째와는 아직도 밤마다 책을 함께 읽고 있다. 앞으로 얼마 동안, 몇 권의 책을 더 읽어줄 수 있을지는 미지수다. 분명한 건, 아이가 그만 읽자고 할 때까지는 잠자리 책읽기는 계속될 거라는 사실이다. (함께 읽은 기간이 없는 일부 책들은, 낭독 시작과 종료 시점을 책 뒷면에 미처 메모하지 못한 경우다.)

로빈슨 크루소

다니엘 디포 글 / N. C. 와이어스 외 그림 / 김영선 옮김 / 시공주니어

*2013년 6월-2014년 1월

내가 어릴 적 아버지에게 받은 유일한 선물인 두 권의 책 중 하나다. 로빈슨 크루소가 밀농사를 지어 빵을 만들어 먹는 순간이 가장 기억에 남았던 책이다. 그 시절 워낙 읽고 또 읽으면서 늘 혼자만의 무인도 여행을 동경했었기에 이 책을 꼭 아이들과 함께 다시 읽고 싶었다. 내가 읽었던 어린이세계명작 판본과는 달리, 460쪽이 넘는 완역본이라 읽는 데 7개월 가까이 걸렸다. 내가 어릴 적 읽었던 기억과 비교하는 것도 또 하나의 즐거움이었는데, 가장 다른 점은 완역본에는 로빈슨 크루소가 굉장히 독실한 그리스도인으로 묘사되어 있다는 점이었다. 이 책에는 '식인 문화'를 지닌 부족을 묘사하는 대목이 나오는데, 당시가 식민지 개척 시대였음을 감안하면 이해가 가긴 하지만 이미 인류학적으로 '식인종'은 없다는 사실이 밝혀졌다는 점을 기억할 필요가 있다.*

* 이상희, 《인류의 기원》, "1장. 원시인은 식인종?"(사이언스북스), pp. 21-34

크리스마스 캐럴

찰스 디킨스 글 / 퀸틴 블레이크 그림 / 김난령 옮김 / 시공주니어

*2014년 1월-2014년 2월

크리스마스 하면 떠올리는 대표적인 소설로, '잠자리 책읽기' 역사상(?) 최단기간인 2개월이 채 안 걸려 완독한 책이다. 1843년 크리스마스에 즈음하여 나온 이 책은 상당수 사람들이 '스크루지 영감'이라는 제목으로 잘못 알고 있을 정도로, 주인공 스크루지의 이미지가 강렬하게 기억되는 이야기다. 인색하고 차가운 수전노 스크루지가 과거와 현재, 미래를 오가는 '타임 슬립'(시간 여행)을 통해 자신을 돌아보고 성찰함으로써 새로운 사람으로 거듭나는데, 자기를 비워 타자를 채워 주는 '크리스마스 정신'을 잘 보여준다. 펜화로 그린 블레이크의 삽화가 매력적이다.

변신

프란츠 카프카 지음 / 루이스 스파카티 그림 / 이재황 옮김/ 문학동네

*2014년 3월-2014년 4월

영업사원 그레고르 잠자가 어느 날 아침 갑충으로 변한 이후 가족의 냉대와 무관심 속에 벌레로 생을 마감하기까지 한 가정에서 일어나는 일들과 가족들의 변화 등이 담긴 소설이다. 일러스트가

무척 강렬하고 인상적인 이 판본은, 내가 읽은 몇 권의 번역본 가운데 가장 번역이 좋았다. 기괴한 스토리라 아이들이 싫어할 수도 있지만, 때로 인간이 벌레와 다를 바 없고, 오히려 벌레보다 못한 경우도 많은지라 조금은 고집을 부려 읽어준 책이다. 분량이 길지 않아서 아이들에게 읽어주기에는 별 무리가 없다. 우리 아이들은 그레고르 잠자 이야기를 징그럽고 섬뜩하게 여기면서도 그 결말을 궁금해 하면서 끝까지 함께 읽었다.

정글 이야기

조지프 러디어드 키플링 글 / 존 록우드 키플링 외 그림 / 햇살과나무꾼 옮김 / 시공주니어

*2014년 4월-2014년 5월

흔히 '정글북'으로 알려진 바로 그 책으로, 일곱 단편으로 구성된 이야기 모음이다. 이 가운데 가장 유명한 이야기는 '늑대소년 모글리'일 텐데, 〈모글리의 형제들〉 〈카아의 사냥〉 〈호랑이! 호랑이!〉 세 편이 모글리 이야기 연작에 해당한다. 우리가 모글리 이야기를 읽으면서 가장 흥분했던 순간은 모글리가 물소 떼를 이끌고 호랑이 시어 칸과 '맞장'을 뜨는 장면이었는데, 아이들은 마치 직접 목격하는 듯 연신 "어떡해, 어떡해" "안 돼! 모글리가 이겨야

해!" 하며 덩달아 흥분해서 이야기에 빠져들었다. 참, 모글리 이야기의 삽화를 그린 존 록우드 키플링은 지은이 러디어드 키플링의 아버지다.

주홍색 연구

아서 코난 도일 지음 / 백영미 옮김 / 황금가지

*2014년 5월-2014년 7월

명작 추리소설 '셜록 홈즈' 시리즈의 시작을 알리는 책으로, 처음엔 제목만 보고는 추리소설이 맞나 하고 잠시 의심했다. 그것도 잠시, 읽어주기 시작한 지 얼마 되지 않아 아이들도 나도 스토리 전개에 빠져 들어갔다. 런던의 한 빈집에서 일어난 의문의 죽음, 단서는 벽에 '라헤'(Rache, 복수)라고 피로 써 놓은 독일어 글씨. 이 의문투성이 살인 사건을 자신의 지식과 훈련된 능력으로 시원하게 파헤쳐 나가는 홈즈의 활약상은 혼자만 아껴 읽고 싶을 만큼 흥미진진하다. 책 속에는 과거 미국의 모르몬교도들이 유타 주를 본거지로 삼아 이주하는 이야기가 역사적 배경으로 나오는데, 예기치 않은 종교사 '공부'를 하는 재미가 있었다.

바스커빌 가의 개

아서 코난 도일 지음 / 조영학 옮김 / 열린책들

*2014년 7월-2014년 9월

셜록 홈즈 시리즈 중에서도 특히 긴장과 박진감이 넘치는 이야기로, 아이들이 숨을 죽이고 귀를 기울였다. 바스커빌 가문에는 대를 이어 전해 내려오는 '악마 개'에 대한 끔찍한 전설이 있다. 어느 날 바스커빌 가문의 후손이 급사하자 마지막 혈족이자 유산 상속자인 헨리 바스커빌을 보호하기 위해 홈즈와 왓슨이 나서는데, 그 무렵 인근 교도소를 탈옥한 흉악한 살인범이 나타하면서 위기감이 드높아진다. 긴박감과 때로 소름 돋는 전율을 느끼게 되는 이 추리소설을, 두 아이는 매일 밤 이불을 뒤집어쓰고 마음을 졸이면서도 다음 이야기가 궁금해서 좀 더 읽어달라고 졸라대곤 했다. 혹여 자녀들이 무서움을 잘 타거나 연령이 아직 어리다면 중학생이 되고 나서 읽어주는 게 좋을 듯싶다.

호비트 1, 2

J. R. R. 톨킨 글.그림 / 김석희 옮김 / 시공주니어

*2014년 9월-2015년 4월

톨킨의 《반지의 제왕》 프리퀄에 해당하는 책으로, 번역의 대가 김

석희 선생이 어린이 독자에 맞게 옮겼다. 영화 〈호빗〉 3부작 시리즈를 개봉 때마다 온 가족이 가서 다 함께 관람한 뒤에야 책을 읽어주기 시작했다. 등장인물의 이름이 영화와 달라서 아예 영화 속 이름으로 바꿔서 읽어주었는데, 예를 들면 책에 나오는 '꿀꺽이'는 번역자가 '골룸'을 우리말로 옮긴 표현이다. 아이들은 이미 영화로 본 뒤여서 '꿀꺽이가 뭐냐'며 뒤집어져라 웃어 댔고 나도 영 입에 붙지 않아서 결국 '골룸'으로 바꿔 읽었다. 본래 톨킨이 아이들에게 들려줄 이야기로 창작했다는 집필 배경을 어느 책에선가 읽은 기억이 난다. 이 책은 지금은 출판사와 번역자가 바뀌어 《호빗》이라는 제목의 단권본으로 나와 있다(이미애 옮김, 씨앗을뿌리는사람 역간). 영화 개봉 시즌에 맞춰 같은 판본으로 판형과 글자를 키운 어린이판 《어린이를 위한 호빗 1, 2》를 펴냈으나, 지금은 절판되어 중고서점에서만 구할 수 있다. 사족을 하나 붙이자면, 영화 〈호빗〉 3부작에는 레골라스가 등장하지만, 원작소설에는 레골라스가 나오지 않는다.

어스시 전집(전6권)

1. 어스시의 마법사 2. 아투안의 무덤 3. 머나먼 바닷가 4. 테하누
5. 어스시의 이야기들 6. 또 다른 바람

어슐러 K. 르 귄 지음 / 최준영, 이지연 옮김 / 황금가지

*1권: 2015년 11월-2016년 3월 / 2권: 2016년 4월-8월 / 3권: 2016년 9월-2017년 1월 (미완)

흔히 《나니아 연대기》《반지의 제왕》과 함께 세계 3대 판타지 소설로 불리는 작품이다. 큰아이는 제1권 《어스시의 마법사》를 다 읽기 전에 독립을 선언하며 '잠자리 책읽기' 공동체(?)에서 이탈했는데, 이제 그럴 때도 되었지 싶어 애써 말리지 않았다. 대신 당시 중2였던 둘째아이는 꿋꿋하게 이 시리즈를 아빠와 함께 읽어 나갔는데, 어느 시점부터인지 흥미를 잃어버렸다. 결국 제3권 《머나먼 바닷가》를 3분의 2 정도 읽던 중, 이야기를 듣다가 잠드는 날이 많아지면서 결국 완독하지 못한 채 다른 책으로 넘어갔다. 큰아이도 그랬지만, 사실상 둘째도 이 판타지 작품에는 그다지 흥미를 갖지 못했다. 시리즈를 끝까지 읽지 못한 가장 큰 이유일 것이다. 독자로서 나 역시 2권 즈음부터 이야기 전개상 속도감과 흡인력을 그다지 느낄 수 없었는데, 아이들이 큰 흥미를 보이지 않아서 그랬는지도 모르겠다.

트로이아 전쟁과 목마

호메로스 원작 / 로즈마리 서트클리프 지음 / 앨런 리 그림 / 이윤기 옮김 / 국민서관

*2017년 2월-2017년 5월

고대 그리스 시인 호메로스의 서사시《일리아드》를 영국 작가 로즈마리 서트클리프가 읽기 좋게 고쳐 쓴 작품으로, 앨런 리의 강렬하고도 매혹적인 삽화가 책읽기를 풍요롭게 해준다. 일리아드는 '일리온 이야기'라는 뜻으로, 일리온은 도시국가 트로이아(영어식 '트로이')의 옛 이름이다. 이 작품은 도시국가 트로이아가 오디세우스를 비롯한 그리스 연합군의 공격을 받아 멸망하기까지를 다룬 이야기로, 이제 '잠자리 책읽기'를 아빠와 둘이서 하는 아들이 사로잡혀 읽었던 책이다.

오뒤세우스의 방랑과 모험

호메로스 원작 / 로즈마리 서트클리프 글 / 앨런 리 그림 / 이윤기 옮김 / 국민서관

*2017년 5월-2017년 8월

호메로스의 서사시《오디세이아》를 읽기 좋게 고쳐 쓴 작품으로, '오디세이아'는 '오디세우스 이야기'라는 뜻이다. 이 책은 이타카 왕국의 왕이자 트로이아(일리온) 전쟁의 영웅인 오디세우스가 트로이아 전쟁에서 승리한 후 고국 이타카로 돌아가기까지 겪는 고

난과 모험을 담고 있다. 바다의 신 포세이돈의 미움과 저주를 받은 오디세우스는 오랜 세월 바다를 떠돌며 부하들마저 모두 잃고 혈혈단신이 되었다가 마침내 고국으로 돌아가지만, 새로운 고난이 그의 길을 가로막는다. 이 책은《트로이아 전쟁과 목마》를 읽던 중 '혹시 같은 방식으로 오디세우스 이야기를 리메이크한 편집본도 있지 않을까' 하는 생각에서 온라인 검색을 하다 찾아냈다. 책 자체의 연결망을 활용하여 또 다른 책을 얻은 셈인데, 이 책을 찾아낸 소식을 전하자 둘째아이도 몹시 좋아했다. 앨런 리의 삽화는 이 책에서도 빛을 발한다.

아이네이아스

베르길리우스 원작 / 페넬로피 라이블리 글 / 이언 앤드루 그림 / 이다희 옮김 / 국민서관

*2017년 8월-11월

고대 로마의 시인 베르길리우스가 쓴《아이네이드》를 현대적으로 각색한 책으로, '아이네이드'는 '아이네이아스 이야기'라는 뜻이다. 아이네이아스는 트로이아 전쟁에서 패배한 장군으로, 이 책은 트로이아 멸망 이후 패잔병을 이끌고 이탈리아 반도로 옮겨간 아이네이아스가 로마 제국의 기틀을 마련하기까지의 이야기를 담고 있다. 이 책 역시 국민서관의 세계의 신화 시리즈로,《트로이아 전쟁과 목마》《오뒤세우스의 방랑과 모험》은 신화 연구가이자 소

설가인 이윤기 선생이 번역했는데 이 책은 선생의 딸인 번역가 이다희 씨가 번역했다는 사실이 이채롭다. 이 책 또한 앞의 책들을 읽고 온라인 검색을 통해 찾아냈는데, 아쉽게도 절판이 된 상태라 중고서점에서 구입했다.

북유럽 신화 여행

최순욱 지음 / 서해문집

*2017년 11월-2018년 2월

그리스 신화 못잖게 북유럽 신화도 서구 문학의 마르지 않는 샘이라 할 수 있다. 고대 문헌학자이자 언어학자였던 톨킨만 하더라도, 북유럽 신화가 없다면 《호빗》《반지의 제왕》 등 그의 대표작들이 태어날 수조차 없었다. 미국의 마블 스튜디오가 제작하는 히어로 영화 가운데 〈토르〉 시리즈는 북유럽 신화의 주요 등장인물(신)과 배경, 세계관 등을 거의 대부분 빌려왔다고 해도 과언이 아니다. 오딘, 토르, 로키, 헤임달, 발키리 등 주요 등장인물과 아스가르드, 라그나뢰크(세상의 종말) 등이 대표적이다. 개인적으로 북유럽 신화를 좀 더 이해하고자 읽은 이 책을, '마블 영화'를 즐겨 보는 둘째아이에게 읽어주었는데, 자신이 이미 본 영화 속 인물이나 장면과 비교해 가며 꽤나 흥미로워했다. 다만, 북유럽 신들의 이야기와 함께 지은이의 해설이 각 장에 나오는데, 아이에게 책을 읽어주는 과정에서는 지루해질 수 있겠다 싶어 건너뛰며 읽었다. 원래 500쪽이 넘는 두꺼운 책이지만, 그렇게 해설 부분을 건너뛰며 이야기 중심으로 읽어주면 오히려 책장이 빨리 넘어가는 유익(?)이 있다. 중간중간 나오는 관련 그림들을 보는 재미는 덤이다.

더 읽을 책들

- 완득이
  김려령 지음 / 창비
- 고양이 학교 (전11권)
  김진경 지음 / 김재홍 그림 / 문학동네어린이
- 내 영혼이 따뜻했던 날들
  포리스트 카터 지음 / 조경숙 옮김 / 아름드리미디어
- 그리운 메이 아줌마
  신시아 라일런트 지음 / 햇살과나무꾼 옮김 / 사계절
- 끝없는 이야기
  미하엘 엔데 지음 / 로즈비타 콰드플리크 그림 / 허수경 옮김 / 비룡소
- 나무를 심은 사람
  장 지오노 지음 / 마이클 매커디 그림 / 김경온 옮김 / 두레
- 나의 라임오렌지나무
  J.M. 바스콘셀로스 지음 / 박동원 옮김 / 동녘
- 시가 내게로 왔다 1
  김용택 지음 / 마음산책
- 인듀어런스 : 어니스트 섀클턴의 위대한 실패
  캐롤라인 알렉산더 지음 / 김세중 옮김 / 뜨인돌
- 10대와 통하는 탈핵 이야기
  최열 외 지음 / 철수와영희
- 호두나무 왼쪽 길로 1-5
  박흥용 글·그림 / 황매
- 내 파란 세이버 1-5
  박흥용 글·그림 / 바다출판사
- 박시백의 조선왕조실록 1-20
  박시백 글·그림 / 휴머니스트

버드나무에
부는 바람

A 버드나무에 부는 바람 SPECIAL
ON OFF

40

"아빠가 책 읽어주는 거 듣다가 잠들던 그 시간이 좋았어요"

일곱 살 때부터 잠자리에서 아빠랑 책을 읽어 온 딸아이는 이제 열아홉 살이 되었다. 딸아이는 일곱 살 때 우리 집이 내 직장 근처로 이사하면서 유치원을 다니지 않았다. 그 대신 집 근처에 내가 근무하던 출판사에서 비영리로 운영하던 '우리 동네 글방'이라는 이름의 작은 도서관을 다녔다. 글방에서는 미취학 아동을 대상으로 하는 다양한 프로그램이 있었는데, 엄마들이 자발적으로 교사로 나서기도 하고 뜻있는 전문가들이 재능 기부 형식으로 참여하기도 했다.

비록 공간은 협소했지만, 딸아이뿐 아니라 둘째도 글방을 좋아했다. 아이들 중심으로 꾸민 곳이라 그곳에서 아이들은 편안함을 느꼈다. 거의 매일 아내는 아이들을 데리고 글방으로 출근하다시피 했다. 그곳에서 아이들은 마음껏 읽고 싶은 책을 골라 읽다가 졸리면 낮잠을 자기도 하고 다양한 체험활동에도 참여했다.

딸아이는 음악을 무척이나 좋아해서 국내외 가수들의 좋은 신곡이 나오면 내게 들려주기도 한다. 영화광이기도 해서 여유 시간이 생기면 꼭 영화를 보고, '인생 영화' 목록을 계속 업데이트할 정도다. 책은 주로 픽션을 즐겨 읽는데, 《오만과 편견》 같은 클래식에 심취하다가도《트와일라잇》같은 뱀파이어물이나《메이즈 러너》같은 공상과학물도 좋아한다. 원작과 영화를 함께 즐기는데, 예를 들면 영화 〈변호인〉을 감명 깊게 보았다면서 서점에서 원작 도서를 발견하면 또다시 몰두해서 읽는 식이다.

이 책을 쓰기까지는 딸아이의 격려가 큰 힘이 되었다. 대안학교에서 한 달간의 여행을 떠나기 전날 밤, 그간의 책 읽어주기에 대한 이야기를 나누었다.

"네가 일곱 살 때부터였나, 아빠가 잠자리에서 책 읽어주기 시작한 게?"

"그럴 걸요. 제가 글방 다닐 때였으니까."

"아빠가 읽어준 책 중에 가장 기억에 남은 책은 어떤 게 있어?"

"《버드나무에 부는 바람》이 가장 기억이 나고요. 그리고《나니아 연대기》시리즈,《메리 포핀스》가 그 다음이에요."

"그 책들이 특별히 기억에 남은 이유가 있니?"

"《메리 포핀스》는 원래부터 좋아하던 책이어서 더 재미있게 들었고요.《나니아 연대기》는 7권짜리 시리즈였잖아요. 그래서 1년 훨씬 넘게 읽었던 거 같아요. 재미있기도 했고, 그렇게 오랫동안 읽어서 기억에 남아 있어요.《버드나무에 부는 바람》은, 아빠가 그 책을 녹음해 놓고 해외 출장을 가셨잖아요."

"아, 그 책이었나??"

"네. 그때 핑크색 테이프에 녹음했었죠. 유겸이랑 나랑 그거 들으면서 아빠 보고 싶다고 막 펑펑 우니까, 엄마가 그랬죠. 아빠는 좋겠다고."

"아빠가 10년 넘게 책을 읽어줬잖아. 그동안 특별히 유익했던 게 있어?"

"음… 굳이 꼭 집어서 어떤 게 유익하고 좋았다기보다는, 그냥 아빠가 곁에서 책을 읽어주는 거 자체가 좋았어요. 아빠가 읽어주는 거 듣다가 잠이 들던 그 시간 자체가 그냥 좋았죠."

"엄마가 읽어주었으면 어땠을까? 낮에는 주로 엄마가 책을 읽어주었잖아."

"그렇죠. 엄마가 책 엄청 읽어주셨죠. 근데 밤에 엄마가 잠자리에서 책 읽어주는 건 생각을 안 해 봤는데요. 상상이 잘 안 되네요. 음… 엄마는 낮에 많이 읽어줬으니까 밤엔 읽어주기 싫었을 거 같은데요."

"다른 아빠들한테도 '잠자리 책읽기'를 권하고 싶어?"

"그럼요!"

"어떤 점에서?"

"논리적으로는 잘 설명 못 하겠는데요. 그냥 아빠가 옆에서 책 읽어주는 거 자체가 되게 좋았거든요. 그니까, '아빠'가 읽어주는 게 좋았어요. 아이들이 어릴 때부터 아빠가 책을 읽어주면 그거 하나만으로도 아빠와 서로 어색하거나 서먹해질 일은 없을 거 같거든요. 특별히 아빠가 같이 뭘 하거나 어디 놀러간다거나 이런 걸 굳이 하지 않아도요."

"어떤 책은 영화로도 나와 있어서 아빠가 책 다 읽어주고 나서 영화를 보기도 했잖아. 그건 어땠니?"

"책을 먼저 읽고 영화를 나중에 보는 거요, 아님 영화 먼저 보고 책을 읽는 순서 얘기하시는 거예요?"

"뭐 어느 쪽이든."

"당연히 좋았죠. 제가 영화를 워낙 좋아해서 그랬을 수도 있고, 아니면 제가 영화를 좋아하게 된 게 책을 읽고 나서 영화를 봤기 때문일 수도 있는데, 아무튼 좋았어요. 근데 영화를 먼저 보고 나서 원작을 읽는 것보다는, 책을 먼저 읽고 나서 영화를 보는 게 훨씬 좋은 것 같아요. 책을 먼저 읽은 경우, 책 속 장면을 상상할 수 있거든요. 그 장면을 영화로는 어떻게 만들었을까 궁금하기도 하고. 그런데 영화를 먼저 보고 나서 책을 읽으면 영화 장면밖에 생각이 안 나죠. 다른 장면을 상상할 수가 없거든요. 《나니아 연대기》는 책을 여러 번 읽었지만 영화를 책보다 더 많이 봤어요. 그러고 나니까 책을 다시 읽고 싶어서 펼치면, 재미있다는 느낌이 덜한 거예요. 어쩌면 제가 이미 꽤 컸는데 비해 책의 번역 문체는 약간 어린이용이라서 그럴 수도 있고요. 나중에 어른용으로 새로 번역된 책을 읽으면 어떨지 모르겠지만요."

"가끔 새 책을 정하지 못했을 때, 아빠가 짧게 짧게 다른 책을 읽어주기도 했잖아. 《이솝우화》나 《이순신》 같은…. 아, 《홍길동전》도 있었네."

"《이솝우화》는 진짜 별로였어요. 제가 워낙 동물 나오는 교훈적 우화를 안 좋아해서 그럴 수 있어요. 《이순신 전기》나 《홍길동전》은 전혀 기억이 안 나는데… 그 책도 읽었어요?"

"헐, 그래?"

"네. 전혀요!"

"그러면 우리가 읽은 책 중에 일러스트가 들어 있는 책들이 꽤 있었잖아. 아빠가 일부러 그런 책을 고르기도 했는데, 그건 어땠니?"

"중간 중간 삽화를 같이 보면서 읽으니까 좋았죠. 지금 제 나이에는 일러스트가 있거나 없거나 별 의미는 없을 것 같지만요. 《로빈슨 크루소》나 《15소년 표류기》는 일러스트를 보면서 읽어서 더 재밌었어요. 《버드나무에 부는 바람》은 예쁜 펜화가 기억에 남아 있어요. 《이상한 나라의 앨리스》도 일러스트가 좋았고요."

"근래 읽은 《어스시의 마법사》는 별로 재미없었지. 그래서 잠자리 책읽기에서 잠시 빠지겠다고 했고."

"혼자 따로 읽을 때는 재미있었는데, 아빠가 읽어주실 땐 재미가 없었어요. 어쩌면 아빠가 읽어주시는 시간에 제가 중간 중간 자주 빠지기도 하고 잘 집중하지 않아서 그랬던 거 같아요. 근데 유겸이는 아직도 그 책 읽고 있어요?"

"지금은《아투안의 무덤》을 읽고 있지. 모두 여섯 권짜리 전집인데, 그 중에 두 번째 책이지. 3분의 1정도 읽었을걸."

"아, 그래요?"

"근데 너 앞으로도 계속 책읽기에서 빠질 거야?"

"어스시 시리즈는 안 듣고 싶어요. 다른 책이라면 몰라도…."

"그럼 그 책 끝나고 너도 같이 읽고 싶을 때 다시 들어와."

"그럴게요."

"그런데 아까 다른 아빠들에게도 책 읽어주기를 권하고 싶다고 했잖아. 만약 아빠들이 아이들에게 책을 읽어준다면, 언제부터가 좋을까?"

"아이들이 어느 정도 커서 서로 관계가 어색해져 있을 때는 읽어주면 안 될 거 같아요. 이미 아빠랑 사이가 어색한데 누가 들으려 하겠어요. 읽는 사람도, 듣는 사람도 불편하지 않을까요? 딸과 아빠 사이가 특히 어색해지기 쉬운 거 같은데, 그러니까 특히 딸이 있는 아빠들이 더 열심히 읽어주면 좋겠죠. 제가 일곱 살 때부터 아빠가 읽어줬는데, 훨씬 더 어려도 좋을 거 같아요. 뭐 책 내용을 조금이라도 알아듣고 따라갈 수 있겠다 싶을 때면 되지 않을까요? 그때부터 습관을 들이면 나중에 커서 중학교 고등학교 가서도 당연히 좋아할 거 같은데요."

"이런, 벌써 열두 시가 다 되어 가네. 너 내일 일찍 출발하려면 이제 자야겠다. 끝으로 아빠랑 책 읽은 경험에 대해 더 할 얘기

있어?"

"아빠가 그날 읽을 분량을 다 읽어주고 나서 잠이 드는 것도 좋았지만, 특히 좋았던 건 아빠가 책을 읽어주는 사이에 잠이 드는 거였어요. 아빠 목소리를 들으면서 나도 모르는 새 잠이 드는 게 정말 좋았죠. 그러고 나면 잠이 들 무렵 읽어주신 부분이 기억이 안 나서 아빠가 다시 읽어주기는 했지만요(웃음). 그리고 아빠가 해외 출장 가실 때 녹음해 놓은 거 되게 좋았어요. 지금 와서 드는 생각이, 이걸 하려면 쉽지 않을 거 같아요. 그냥 한 번 해볼까 하고 시작해서는 일주일도 못 가서 포기할 수도 있을 거 같아요. 되게 귀찮은 일이잖아요, 안 그런가? 아빠가 좀 특수한 케이스 아닌가? 아빠는 편집자이기도 하고 책 관련 직업에 종사하니까요."

2016년 4월 18일

2010.3.22.月,

아이들과 함께 — [illegible]

— [illegible]

“지금까지 아빠랑 추억을 쌓아온 거, 그게 가장 좋은 거죠”

네 살 때부터 누나와 함께 잠자리에 누워 아빠의 책 읽는 목소리를 들으며 잠들던 둘째아이는 이제 열여섯 살, 중3이 되었다. 태권도를 진심으로 좋아하고 즐기는 이 아이는, ‘마음 가는 대로’ 움직이는 인간형인 아빠에게는 없는 유전자를 지녔다. 3년째 소속 도장 시범단 주장을 맡았는데, 태권도 전공 과정을 스스로 알아보기도 하고, 유연성과 기본기 강화 훈련을 매일 한 시간씩 2년 넘게 하루도 거르지 않고 해 오고 있다.

둘째아이는, 누나에 비하면 책을 좋아한다고는 할 수 없으나 또래 사내아이들 평균보다는 책을 즐겨 읽는 편이다. 드러나지 않게, 알아서 조용히 독서하는 타입인 둘째는 어느 날 갑자기 자기가 읽은 책 이야기를 꺼내곤 한다.

“아빠, 《남쪽으로 튀어》 재밌더라요.”

‘-(하)더라요’는 큰아이가 어렸을 적부터 또래 아이들 사이에서 흔하게 쓰기 시작한 이상한 말투다. 큰아이는 그런 말투를 안 쓰는데 둘째는 아직도 더러 사용할 때가 있다. 특히 그날 있었던 일을 미주알고주알 얘기할 땐 십중팔구 ‘-(하)더라요’로 시작한다.

《남쪽으로 튀어》는 일본 작가 오쿠다 히데오의 소설로 한국어판이 두 권으로 나와 있는데, 동명의 한국 영화로 만들어져 화제가 되기도 했다.

"그 책은 언제 읽었냐? 두 권 다 읽었어?"

"학교에서 아침에 수업 시작하기 전 책 읽는 시간이 있는데, 그때 읽었어요. 학교에서 읽다가 재미있어서 집에서도 읽었죠."

큰아이는 집에서 주로 책을 읽는 반면, 둘째는 집에서 태권도를 하거나 축구 게임을 하거나 라리가(스페인 프로축구 경기)나 프리미어리그(영국 프로축구 경기) 하이라이트를 본다. 둘째가 집에서 책을 읽는 모습은 흔한 장면은 아니다. 그럼에도 변함없는 건 지금까지 이런저런 책을 꾸준히 읽고 있다는 사실이다. 물론 어릴 적부터 좋아하던 프랑스 국민 만화《아스테릭스》《땡땡의 모험》을 비롯하여《먼나라 이웃나라》《식객》은 물론이고,《초밥왕》《말에서 내리지 않는 무사》같은 만화도 즐겨 읽는다.

유연성 운동에 몰두해 있는 녀석을 불러 아빠와 함께한 잠자리 책읽기에 대해 물어보니, 계속 동작을 하면서 무심한 듯 몇 마디씩 답을 해주었다.

"아들, 아빠가 너하고 누나하고 밤마다 잠자리에서 책 읽어주기 시작했을 때 기억나니?"

"네. 그때 제가 누나랑 한 방 쓸 때였잖아요. 합정동 2층집에 살 때."

"그렇지."

"네 살 때니까 기억이 많이 나진 않아요. 다른 건 몰라도, 아빠가 책을 읽어주면 잠이 잘 왔죠(웃음). 그래서 좋은 기억으로 남아 있어요."

"아빠가 읽어준 책 중에 가장 기억에 남는 책은 어떤 거야? 제일 재미있었던 책 말야."

"《15소년 표류기》요."

"왜?"

"제가 다니던 초등학교 도서관에서 만화책으로 이미 한 번 읽은 적이 있거든요. 그림으로 한 번 읽어서 그랬는지 장면이 더 상상이 잘 되니까 재밌었어요. 그리고 교회 형들이나 동생들 떠올리면서 마치 우리가 섬에 표류한 것 같은 상상을 했거든요. 그러면 책 내용이 더 생생하게 다가와서 되게 재밌었죠. 내가 진짜 섬에 표류해서 모험을 하는 느낌? 근데 누나는 어떤 책이 제일 기억에 남는대요?"

"누난《버드나무에 부는 바람》이랑《나니아 연대기》《메리 포핀스》가 제일 좋았대."

"아, 저도《버드나무에 부는 바람》재밌었어요."

"그래?"

"이야기가 굉장히 흥미진진했어요. 두더지와 물쥐, 오소리, 두꺼비가 주인공으로 나오잖아요. 근데, 넷이서 한 집에 모여서 어떤 나쁜 동물들과 전투를 앞두고 함께 작전을 짜는 장면이 인상 깊었어요. 책에 나오는 그림을 보는 재미도 있었고요. 아, 《피터팬》도 재밌었네요."

"《피터팬》? 음, 그러면 넌 주로 모험하고 싸우는 이야기가 재밌었던 모양이네. 누나가 그러더라, 《버드나무에 부는 바람》 읽어줄 때 아빠가 출장 가면서 녹음해 놓고 갔다고. 아빠도 녹음한 게 그 책인 줄은 기억 못 하고 있었거든."

"아, 그 책이었어요? 그거 듣다가 누나랑 저랑 울어서 엄마가 와서 안아줬어요(웃음). 지금 생각하면, 제가 그 나이 때 '아빠가 우릴 위해 이렇게까지 하다니' 하고 생각했던 거 같진 않아요. 그냥 집에 없는 아빠 목소리를 들으니까 갑자기 아빠가 보고 싶어져서 그랬던 거 같아요."

"다른 아빠들한테도 매일 밤 책 읽어주라고 얘기하고 싶은 마음이 있어?"

"그럼요. 나중에 그 아이들이 커서도 아빠하고 보낸 시간이 추억으로 남잖아요. 제가 나중에 어른이 되어 아빠가 돌아가시고 나도 그 시간은 추억으로 오래 남을 거 같거든요. 그런 시간 덕분에 아빠랑 좀 더 친해진 거 같고, 편하게 이야기 나눌 수 있는 사이가 된 것 같고요."

"특별히 기억나는 게 있다면?"

"아빠가 그날 읽어주시는 데까지 다 읽고 나서 그러시잖아요.

'오늘은 여기까지!' 그 말이 늘 좋았어요. 매일 밤 아빠가 책을 읽어 주신 다음 늘 그 말로 끝내시니까, 그 말을 못 듣는 날에는 자려고 할 때 왠지 아쉬운 느낌이 들 정도였죠. 그리고 방을 따로 쓰기 시작하고서부터 밤마다 누나랑 서로 오늘은 자기 방에서 읽을 차례라면서 싸운 기억이 나요(웃음)."

"《홍길동전》이나 《이순신》은 기억나니? 누난 전혀 기억 안 난다더라."

"글쎄요. 그 책들은 저도 기억이 안 나는데요."

"요즘 읽고 있는 《어스시 전집》 시리즈는 어떠니?"

"재밌긴 한데, 1권 읽을 때 아빠가 읽어주시는 도중에 제가 잠든 적이 많아서 스토리가 좀 끊어지긴 해요. 중요한 내용은 다 기억나지만요. 《아투안의 무덤》은 스토리가 다 기억나요. 그리고 주인공 게드의 스승이 되는 마법사 이름이 아빠 회사 이모랑 이름이 비슷했던 것도 기억나네요(웃음)."

"누나는 결혼하기 전까지 책 읽어 달라고 했다가 지금은 빠졌는데, 너는 언제까지 아빠가 읽어주면 좋겠니?"

"누나가 그랬어요? 전 아직까지는 아빠가 책 읽어주는 게 좋아요. 누나처럼 고2쯤 되면 그만 읽어 달라 하지 않을까요? 그때쯤에는 저도 밤에 자기 전에 할 일이 많아질 거 같기도 해서요."

"10년 넘게 아빠가 책을 읽어주고 있는데, 넌 어떤 점이 가장 좋다고 생각해?"

"그거야 지금까지 아빠랑 함께한 추억을 쌓아 온 거죠."

"이제 마지막으로 하고 싶은 얘기는?"

"자랑스러운 마음이 늘 있죠. 나는 밤마다 책 읽어주는 아빠가 있다, 그런."

2016년 9월 10일

에필로그

구부려지는 활로 살기

〈화성 아이, 지구 아빠Martian Child〉라는 영화가 있다. 아내와 사별하고 혼자 살아가는 베스트셀러 SF작가 데이비드가 열 살이 안 된 사내아이 데니스를 입양한 뒤 우여곡절을 겪으며 함께 가족이 되어 가는 이야기다.

데이비드는 아이를 키운 경험이 없고, 데니스는 자신이 '화성에서 왔다'고 믿는다. 낮 동안에는 태양빛을 피해 종이 상자 안에서 생활하고, 지구의 중력이 약해 날아갈 것을 염려하여 무거운 벨트를 차고 다니며, 서서 다니면 피가 머리로 잘 안 간다는 이유로 자주 철봉에 거꾸로 매달리는 아이. 데니스는 '애정 결핍'을 앓는 외톨이다. 수차례 입양과 파양을 거쳐 보육원으로 보내진 데니스는 모든 사람이 결국 자기 곁을 떠나가리라 여기며 주변 사람들, 특히 어른을 믿지 않는다.

그동안 경험한 '지구 살이'에서 데니스는 늘 문제아 아니면 "불량 토스터기처럼 반품하면 되는" 아이일 뿐이었다. 그러니 지구는 그에게 거부와 회피, 버림당하는 일이 일상인 생존 불가의 외계나 마찬가지였을 테다. 어쩌면 데니스는 생존하기 위해, 더 이상 상처받지 않기 위해 스스로 외계인이 되기로 한 건지도 모를 일이다. 그런 그가 데이비드를 만난 후 더디지만 조금씩 마음을 열어

'날 버리지 마세요, 당신을 사랑해요, 나도 사랑해 주세요'라는 신호를 보내기 시작한다. 유년 시절 왕따였던 데이비드와 화성 아이 데니스는 그렇게 서로 사랑을 배워 간다.

영화에는 데니스가 잠들기 전 데이비드가 책을 읽어주는 장면이 나온다. 화성을 배경 삼은 공상과학소설을 읽어주는데 그 모습이 어찌나 자연스럽고 평온해 보이던지! 영화 마지막 장면에 데이비드의 이런 내레이션이 나온다.

> 때때로 우리는 아이들이 지구에 온 지 얼마 되지 않았다는 걸 잊는다. 그들은 무한한 가능성을 지닌 활기찬 생명체로서 태어난 지 얼마 안 되는 외계인 같은 존재다. 지구를 탐사할 임무를 띠고 와 인간이 어떤 것인지에 대해 배워 가는 그런 존재인 것이다.

한때 우리 집에도 지구에 온 지 얼마 안 된 외계인이 있었다! 아이들을 키우면서 우리 부부는 "재 외계인 아닐까?" 한 적이 한두 번이 아니다. 이제 그들은 조금은 지구인다운(?) 모습으로 성장해 있다. 아니, 어쩌면 우리 부부가 조금은 외계화되었는지도 모르겠다. 그들이 지구화되었든 우리가 외계화되었든, 분명한 건 존재 그 자체에 대한 인정과 이해, 차이를 받아들이기까지는 서로 부대끼면서 알아가고 배우는 힘겨운 시간이 필요했다는 점이다.

칼릴 지브란Khalil Gibran은 자녀를 '화살', 부모를 '활'에 빗대어 말한 바 있다. 그가 20년 넘게 걸려 완성했다는 잠언 시집《예언자》에서 예언자 알무스타파는 아이들에 대해 다음과 같이 말한다.

그들은 그대들을 통해 오지만 그대들로부터 오는 게 아니지.
또 그들이 그대들과 함께 있다 해도 그들은 그대들의 소유가 아니네.
자녀들에게 사랑을 주어도 생각은 주지 못하지.
그들 스스로 생각을 갖고 있기에.
그들의 육신은 집에 들여도 그들의 영혼은 그리하지 못하지.
그들의 영혼은 내일의 집에 살고, 그대들은 꿈속에서도 그곳을 찾아갈 수 없기에.*

알무스타파는, 우리가 자녀들같이 되려고 애쓸 수는 있지만 그들을 우리처럼 만들려고 해서는 안 된다고 말한다. 예언자의 잠언 마지막 구절은 이렇게 끝난다.

궁수이신 신은 … 힘을 들여 그대들을 구부려서 화살이 빠르

* 《예언자》(책만드는집), pp. 21–22

게 멀리 날아가게 하지.
궁수이신 신의 손에 구부려지는 것을 기뻐하기를.
신은 날아가는 화살을 사랑하는 것과 똑같이 든든한 활도 사랑하시니.*

구부려져야 하는 건 어른인 우리 자신인데, 아이들을 구부리려 헛되이 애쓰다가 기어이 부러뜨리고 말지도 모른다. 일을 그르쳤음을 알아차릴 때는 후회하기에도 이미 늦은 시간이다. 부러진 화살은 날려 보낼 수 없다.

삶에 쫓기고 일에 치여 힘겨워도 아이들과 함께하는 시간을 내는 것, 아이들 머리맡에서 10분이라도 책을 읽어주는 일은 우리가 궁수의 손에 구부려지는 든든한 활이 되는 계기가 될 수 있다고 믿는다. 그렇게 구부려지는 활이 되는 삶이 부모와 어른들의 정체성이자 소명 아닐지.

* 같은 책, p. 22

아빠가 책을 읽어줄 때 생기는 일들

퇴근후 15분, 편집자 아빠의 10년 독서 육아기

초판 1쇄 발행 2018년 4월 10일
지은이 옥명호
발행인 임혜진

발행처 옐로브릭
등록 제2014-000007호(2014년 2월 6일)
주소 서울시 용산구 독서당로 6길 16, 101-402
전화 (02) 749-5388
팩스 (02) 749-5344
홈페이지 www.yellowbrickbooks.com

디자인 로컬앤드 www.thelocaland.com

ISBN 979-11-953718-9-1